大气环境监测实验

陆建刚　赵云霞　许正文　编著

江苏高校品牌专业建设工程资助项目（PPZY2015C222）

南京信息工程大学大气科学与环境气象实验实习
教材建设项目（SXJC2016A101）

U0296469

科学出版社

北 京

内 容 简 介

本书以大气环境为监测对象，内容涉及基本理论、监测过程基本原理、典型环境监测设备和基本构造等。全书共 8 章，前 4 章包括监测实验的基本内容、样品与操作、数据处理和结果表达等，后 4 章包括 41 个监测实验。第 1 章为实验基本操作和表达；第 2 章为大气环境样品采样方法；第 3 章为大气环境样品制备；第 4 章为标准气体及其配制方法；第 5 章为大气环境固态污染物及其重金属元素监测，涉及 6 个实验；第 6 章为大气环境无机气态污染物监测，涉及 14 个实验；第 7 章为大气环境有机污染物监测，涉及 18 个实验；第 8 章为其他环境污染物的监测，涉及 3 个实验，包括室内空气、机动车尾气和餐厅油烟尾气的污染物监测。本书特点是将基础实验、综合实验和研究型实验系统化地呈现出来，构成一个实验教学平台，满足学生进行自主实验设计、发挥其研究潜力和创新能力的要求。

本书适用于环境类本科专业学生教学实验，也适用于大气环境监测和环境评价领域的研究生和科研人员参考。

图书在版编目（CIP）数据

大气环境监测实验/陆建刚，赵云霞，许正文编著. —北京：科学出版社，2018
ISBN 978-7-03-055916-6

Ⅰ. ①大… Ⅱ. ①陆… ②赵… ③许… Ⅲ. ①大气监测–实验–高等学校–教材
Ⅳ. ①X831-33

中国版本图书馆 CIP 数据核字（2017）第 308349 号

责任编辑：沈 旭 胡 凯/责任校对：王 瑞
责任印制：张 伟/封面设计：许 瑞

科 学 出 版 社 出版
北京东黄城根北街 16 号
邮政编码：100717
http://www.sciencep.com

北京九州迅驰传媒文化有限公司 印刷
科学出版社发行 各地新华书店经销
*

2018 年 2 月第 一 版 开本：787×1092 1/16
2023 年 8 月第四次印刷 印张：12
字数：302 000

定价：49.00 元
（如有印装质量问题，我社负责调换）

前　言

　　大气环境监测实验作为环境科学与工程学科的一门重要的专业基础课，一直受到广泛的关注。课程涉及大气环境监测的基本理论、各种监测过程的基本原理、典型环境监测设备的基本构造等，培养学生分析和解决大气环境监测问题的能力，为学生进行大气环境监测、污染物及其控制等数据收集和工程的设计、科研及技术管理打下必要的基础。课程主要目的是通过实验手段培养学生对大气环境监测过程的理解和分析能力，配合理论课程掌握当代大气环境监测技术领域的基本概念和基本原理，学习与大气环境监测相关的常用技术、方法、仪器和设备，学习如何用实验方法判断环境过程的性能和规律，引导学生了解实验手段在大气环境监测与设备研究、开发过程中所起的作用，使学生获得采用实验技术和方法来研究大气环境监测、数据收集和污染程度控制相关的新工艺、新技术和新设备的独立工作能力，进一步培养学生正确和良好的实验习惯及严谨的科学作风。

　　随着课程教学改革的不断深入，大气环境监测实验教材的建设、合理选择与使用显得尤为重要。近年来，由于出版和信息产业的国际化，许多国外关于大气环境监测领域的著名教材也被引进和吸纳到国内的课程教学中，这对国内此领域的教学改革和人才培养起到了积极的促进作用。习惯上，"大气环境监测实验"课程与"大气环境监测"理论课程相配套，"大气环境监测"理论课程是环境类专业的核心课程。近几年来，随着环境科学与工程学科教学和研究学术梯队的形成及不断发展，取得不少教学和研究成果。为了进一步丰富该课程的教学内容，促进教学质量的提高，以配套和完善"大气环境监测"理论课程的建设和发展，我们编著了《大气环境监测实验》教材。教材呈现专业基础实验-综合实验-研究型实验的系统化实验教学平台，满足学生进行自主实验设计、发挥其研究潜力和创新能力的要求。

　　以"市场导向、学科前沿"的观点和"大气-气象"专业特色的原则，确定本教材的内容；借鉴国内外著名大学相关课程和教材的经验，形成知识体系完善、内容前沿新颖、手段多样现代、方法开放创新、与"大气环境监测"理论课程相配套的工科教材。本教材坚持研究与开放式内容相结合的方式，体现和鼓励学生参与科研，提高学生动手能力，培养创新意识。采用启发式和开放式课堂实验、研究式专题实验，以学生自由结合的形式，设置实验内容，增强教材的新颖性。

　　本教材的各章节以及附录等由陆建刚、赵云霞和许正文编著，编著过程中得到了廖宏教授、陈敏东教授和徐德福教授的支持和帮助，周莺高级工程师进行了审阅、修改和统稿工作。本教材的出版得到了江苏高校品牌专业建设工程资助项目（PPZY2015C222）和南京信息工程大学教务处教材项目的资金支持。

　　由于编者水平有限，疏漏与不妥之处在所难免，敬请读者提出批评和建议，以便加以修正，使教材的内容得到进一步完善。

编　者

2017 年 10 月 8 日

目　　录

前言
绪论 ……………………………………………………………………………………… 1
第1章　实验基本操作和表达
1.1　实验基本操作及其过程 …………………………………………………………… 3
1.2　实验结果的处理 …………………………………………………………………… 3
1.3　实验结果的表达 …………………………………………………………………… 3
1.4　实验误差及其处理 ………………………………………………………………… 5
1.5　大气环境与大气污染物 …………………………………………………………… 12
1.6　大气环境污染物浓度表示方法 …………………………………………………… 14
1.7　大气监测分析中的检出限、精密度和准确度 …………………………………… 15
1.8　标准物质和质量控制 ……………………………………………………………… 18
第2章　大气环境样品采样方法 ……………………………………………………… 22
2.1　采样原理 …………………………………………………………………………… 22
2.2　采样装置与系统 …………………………………………………………………… 25
2.3　质量控制与质量保证 ……………………………………………………………… 26
第3章　大气环境样品制备 …………………………………………………………… 28
3.1　样品的预处理 ……………………………………………………………………… 28
3.2　样品的储存 ………………………………………………………………………… 30
3.3　样品分析前准备 …………………………………………………………………… 31
3.4　样品分解 …………………………………………………………………………… 32
第4章　标准气体及其配制方法 ……………………………………………………… 34
4.1　标准气体概念 ……………………………………………………………………… 34
4.2　配制原理与方法 …………………………………………………………………… 34
第5章　大气环境固态污染物及其重金属元素监测 ……………………………… 37
实验1　大气环境粉尘采样实验 ……………………………………………………… 37
实验2　大气环境中总悬浮颗粒物浓度监测 ………………………………………… 40
实验3　大气环境中可吸入颗粒物监测 ……………………………………………… 43
实验4　大气环境中降尘的测定 ……………………………………………………… 45
实验5　烟气污染源大气环境含尘浓度的监测 ……………………………………… 48
实验6　大气环境颗粒物中重金属元素监测 ………………………………………… 51
第6章　大气环境无机气态污染物监测 ……………………………………………… 56
实验7　奥氏气体分析仪监测大气环境中 CO_2 …………………………………… 56
实验8　大气环境中 CO 浓度监测 …………………………………………………… 60

实验 9　　大气环境中 SO_2 浓度监测 ·································· 62

实验 10　大气环境中 NO_x 浓度监测 ·································· 66

实验 11　大气环境中 SO_2 和 NO_x 浓度联合监测 ············· 70

实验 12　大气环境中 NH_3 浓度监测 ·································· 73

实验 13　大气环境中 HCN 浓度监测 ·································· 76

实验 14　大气环境中氟化物浓度监测 ·································· 79

实验 15　大气环境中 O_3 浓度监测 ·································· 83

实验 16　大气环境中 H_2S 浓度监测 ·································· 86

实验 17　大气环境中 HCl 浓度监测 ·································· 89

实验 18　大气环境中 Cl_2 浓度监测 ·································· 92

实验 19　大气环境中 Hg 浓度监测 ·································· 94

实验 20　大气环境中 Pb 浓度监测 ·································· 97

第 7 章　大气环境有机污染物监测 ·································· 100

实验 21　大气环境中总挥发性有机物监测 ·································· 100

实验 22　大气环境中挥发性卤代烃监测 ·································· 104

实验 23　大气环境中多环芳烃污染物监测 ·································· 107

实验 24　大气环境中二噁英污染物监测 ·································· 112

实验 25　大气环境中多氯联苯污染物监测 ·································· 117

实验 26　大气环境中芳香烃类污染物监测 ·································· 122

实验 27　大气环境中激素类污染物监测 ·································· 125

实验 28　大气环境中有机农药污染物监测 ·································· 127

实验 29　大气环境中醛类污染物监测 ·································· 130

实验 30　大气环境中酮类污染物监测 ·································· 133

实验 31　大气环境中酚类污染物监测 ·································· 135

实验 32　大气环境中醇类污染物监测 ·································· 138

实验 33　大气环境中光气污染物监测 ·································· 141

实验 34　大气环境中胺类污染物监测 ·································· 144

实验 35　大气环境中肼类污染物监测 ·································· 148

实验 36　大气环境中腈类污染物监测 ·································· 152

实验 37　大气环境中恶臭气体污染物监测 ·································· 155

实验 38　大气环境中总烷烃类污染物监测 ·································· 157

第 8 章　其他环境污染物的监测 ·································· 161

实验 39　室内空气污染物监测 ·································· 161

实验 40　机动车尾气污染物监测 ·································· 163

实验 41　餐厅油烟尾气污染物监测 ·································· 167

主要参考文献 ·································· 171

附录 ·································· 172

附录 1　多环芳烃物理常数 ·································· 172

附录 2　多环芳烃标准总离子流图 ·········173
附录 3　十三种醛酮腙标样的液相色谱参考图 ·········173
附录 4　酚类化合物标准液相色谱图 ·········174
附录 5　21 种挥发性卤代烃的标准色谱图 ·········174
附录 6　不同温度下水的饱和蒸气压 ·········174
附录 7　常用溶剂沸点、溶解性和毒性 ·········178
附录 8　常用干燥剂 ·········181
附录 9　常用气体吸收剂 ·········182
附录 10　气体在水中溶解度 ·········182
附录 11　烟气热物理性质 ·········183

绪　　论

环境污染问题是影响国家可持续发展的首要因素。随着工业化的发展，大气污染作为全球问题已经越来越受到重视。面对大气环境质量的日趋下降，人类对大气环境质量关注程度逐步提高，大气环境监测应运而生，并越来越受到人们的重视，成为环境监测中不可或缺的重要部分。

大气环境监测是测定大气中污染物的种类及其浓度，观察其时空分布和变化规律。通过对某地区大气中的主要污染物进行布点采样、分析，根据一个地区的规模、大气污染源的分布情况和源强、气象条件、地形地貌等因素，进行规定项目的定期监测。所监测的分子状污染物主要有硫氧化物、氮氧化物、一氧化碳、臭氧、卤代烃、碳氢化合物等；颗粒状污染物主要有降尘、总悬浮微粒、飘尘及酸沉降等。大气环境监测是大气质量控制和对大气质量进行合理评价的基础。

1. 大气环境监测的目的

大气环境监测作为环境保护的一个重要手段，通过及时、准确、全面地反映大气环境质量现状及发展趋势，为环境管理、规划、科学研究提供依据。大气环境监测的主要目的如下：

（1）通过对大气环境中主要污染物质进行定期或连续地监测，判断大气质量是否符合国家制定的大气质量标准，并为编写大气环境质量状况评价报告提供数据。

（2）为研究大气质量的变化规律和发展趋势，开展大气污染的预测预报工作提供依据。

（3）为政府部门执行有关环境保护法规，开展环境质量管理、环境科学研究及修订大气环境质量标准提供基础资料和依据。

2. 大气环境常见监测方法

目前我国空气的监测分析方法大约有 80 个项目 150 种方法，主要包括化学计量法、光学分析法、电化学分析法。

化学计量法是以化学反应为基础，分为重量法和容量法两类。重量法操作烦琐，对于污染物浓度低的会产生较大误差，它主要用于大气中总悬浮微粒、降尘量、烟尘、生产性粉尘等的测定。容量法具有操作简便、快速、准确度高的优点，可用于废气中污染物如铅的测定，但灵敏度不够高，对于测定浓度太低的污染物不能得到满意的结果。

光学分析法是以光的吸收、辐射、散射等性质为基础的分析方法，主要有分光光度法、原子吸收分光光度法、发射光谱分析法、荧光分析法、化学发光法、红外吸收法等。

电化学分析法利用物质的电化学性质测定其含量，分为电位分析法、电导分析法、库仑分析法等，此外还有以测量电解过程的电流-电压曲线为基础的伏安法及利用阳极溶出反应测定重金属离了的阳极溶出法。电位分析法最初用于测定 pH，后来由于离子选择电极的迅速发展，电位分析已广泛应用于环境监测；电导分析法可用于测定大气中 SO_2；库仑分析法可用于测定大气中 SO_2、NO_x。

对于普通大气环境监测来说，光学、电学或者光电结合的检测方法相对更为普遍，容易制备传感器或便携检测仪器。

3. 我国环境空气质量监测现状

到"十二五"期间，我国已形成由"城市站"、"背景站"、"区域站"和"重点区域预警平台"组成的装备精良、覆盖面广、项目齐全、具备国际水平的国家环境空气质量监测网。

国家城市环境空气质量监测网由 113 个重点城市扩大到 338 个地级市，国控监测点位由 661 个增加到 1436 个。已建成 14 个国家环境空气背景监测站，南海海域新增西沙国家环境背景综合监测站，该站已经投入使用。已建成 31 个农村区域环境空气质量监测站，还将针对区域污染物输送监测需要新增 65 个站点，基本形成覆盖主要典型区域的国家区域空气质量监测网。为摸清重点区域污染特征，形成特殊污染气象条件下重点地区空气质量预测和预警能力，珠江三角洲区域空气质量预警监测网初步框架已构建完成，京津冀、长江三角洲区域空气质量预警监测网正在研究建立。通过一系列优化调整，国家环境空气监测网络范围更大，点位更多，有利于我们在更大的尺度上动态掌握全国空气质量变化状况。

第1章 实验基本操作和表达

1.1 实验基本操作及其过程

正确地进行实验操作，是实验成功的关键。学生必须认真按照实验程序，按部就班地进行实验操作。具体要求如下：

（1）实验进行之前，应该检查所需设备、仪器是否齐全和完好，包括固定安装设备和设施、临时安装设备、移动设备等。对于动力设备（如离心泵、压缩机等），应进行安全检查，以保证其正常运转及人身安全，确保实验的圆满完成。

（2）实验操作过程中必须严格遵照操作规程、实验步骤及操作注意事项。若在操作过程中发生故障，应及时向指导教师及实验室工作人员报告，以便及时进行处理。

（3）在实验操作中，需要分步、分工地测取数据时，应当使参与实验的学生在实验小组内进行适当的交换操作，完成每项的实际操作，使每位学生均能得到全面的实验操作训练，有利于学生对整个实验过程的全面参与和全面了解。

（4）为了测取正确的实验数据，需要注意数据的准确性和重现性。只有当数据测取准确后，才能改变操作条件，进行另一组数据的测取。

（5）实验数据全部测取完，经指导教师检查通过后，才可结束实验，归还所借仪器仪表等，恢复设备原始状态。

1.2 实验结果的处理

通过实验取得大量数据以后，必须对数据作科学的整理分析，去粗取精、去伪存真，以得到正确可靠的结论。同时，为求得各物理量间的变化关系，往往需要记录许多组数据，有时为获得一个准确数据，还得进行多次测量。这样，会给整理数据增加较大的工作量。为此，可采取将每一参数相同条件测定的多次结果求取其平均值。在整理实验数据中，应注意有效数字及误差理论的运用，有效数字要求取到测试仪表最小分度后一位。

1.3 实验结果的表达

实验过程中记录的数据是原始数据，要获得实验所需数据（参数），需要将这些原始数据进行转换、计算和整理，然后按照一定的规律表达出来。实验数据的表达主要有列表法、作图法和数学方程式法。

1. 列表法

将实验数据进行整理、归纳，按照一定的规律和形式一一对应列成表格。列表法简单明了，数据一目了然，便于数据的检查、处理和比较。列表时应注意如下事项：

（1）列出表格的序号、名称、实验条件、数据来源。若有进一步说明，可以附注的形式列于表的下方。

（2）表中的第一行（表格顶端横排）或第一列（最左边纵排）都应标明变量的名称和单位，并尽可能用符号简单明了地表示出来，如 $c(NaOH)$（mol/L）、$t(℃)$ 等。

（3）在表中列出与变量一一对应的数据，通常为纯数，并注意有效数字。为表示数据的变化规律，数据的排列应以递增或递减的方式列出。每一行中的数字应整齐排列，位数和小数点要对齐。

（5）处理后的数据可与原始数据列于同一表格中，必要时将数据处理方法或处理用的计算公式列在表的下方。

（6）若需要作特别说明时，可采用表注或备注。

2. 作图法

利用图形表达实验结果，可以简洁、直观地表示出实验数据的特点、连续变化的规律性，如极大值、极小值、转折点、周期性等，还可以利用图形求得内插值、外推值、直线的斜率和截距等。另外，由于作图法是由多个数据做出的图形，具有"平均"的意义，因而可以发现或消除一些偶然误差。

作图法的应用非常广泛，为了能正确地通过作图表示实验的结果，在作图时应注意如下事项：

（1）应用计算机软件绘图：随着计算机应用的普及，目前，数据处理和作图几乎全部在计算机软件上完成，而作图纸逐渐被淘汰。利用计算机软件可以迅速、准确地确定数据点，用精确的计算方法处理数据，避免了手工绘图的随意性，提高了数据处理的准确性和精确性，在大气环境监测实验数据的处理上也同样得到了广泛的使用。常用的计算机作图软件有 Microsoft Excel 和 Origin 等。

（2）坐标轴的确定：习惯上以自变量作横坐标，以因变量作纵坐标。坐标轴的旁边应注明变量的名称和单位。坐标轴的起点不一定从"0"开始，可视具体情况而定，以使所得曲线能在坐标纸中部或占满整个坐标纸为宜。坐标轴比例尺的选择要恰当，应能表示出全部的有效数字，使从作图法求出的物理量的精确度与测量的精确度相适应。每小格所对应的数值应易于读出，如1、2、4、5、10等，而不宜用3、7、9或小数。若所作图形为直线或近乎直线，应使图形尽可能位于两坐标轴的对角线附近。

（3）代表点的标绘：数据点采用的形式有○、×、□、△等符号，数据不宜用圆点"•"来标示，以免曲线通过时将其掩盖。在同一张图上如有几组不同的测量值时，各组数据的代表点应用不同的符号表示，并在图上加以注明。

（4）线的绘制：依据数据点的分布趋势，手工绘制时用直尺或曲线板描绘直线或曲线。曲线应满足如下特点：用实验数据做出的图线应是光滑匀整的曲线；曲线经过的地方，应尽量与所有数据点相接近；曲线不必强行通过图上各点及两端的任一点，其中包括原点。一般来说，两端点由于仪器的精度较差，作图时应占较小的比例；曲线一般不应含有含混不清的不连续点或其他奇异点；若将各点分为适当大小的几组，则各组内位于曲线两边的点数应接近相等，即曲线应反映测量的平均效果。

（5）标注图名和条件：给绘制好的图标注名称，并标明主要的测量条件和实验日期。

（6）直线为曲线中最易作的图线，使用时也最方便，所以在处理数据，根据变数间关系作图时，最好能用变数代换使所得图形为直线。

3. 数学方程式法

实验数据用列表或图形表示后，使用时虽然较直观简便，但不便于理论分析研究，故常需要用数学表达式来反映自变量与因变量的关系。数学方程式法，也称公式法，其中自变量和因变量间的函数关系常需进一步用经验公式将它们表示出来。经验公式不仅形式紧凑，而且在微分、积分或内插、外推上均很方便。

数学方程式法通常包括下面两个步骤。

1）选择经验公式

表示一组实验数据的经验公式应该形式简单紧凑，式中系数不宜太多。一般没有一种简单方法可以直接获得一个较理想的经验公式，通常是先将实验数据在计算机绘图软件上描点，再根据经验和解析几何知识推测经验公式的形式，若经验表明此形式不够理想，则应另立新式，再进行试验，直至得到满意的结果为止。表达式中容易直接用于实验验证的是直线方程，因此，应尽量使所得函数的图形呈直线式。若得到的函数的图形不是直线，可以通过变量变换，使所得图形变为直线。

2）确定经验公式的系数

确定经验公式中系数的方法有多种，但作为实验课程中的实验数据处理，在一般情况下，经验公式的形式是已知的，需要解决的问题是确定公式中的待定系数。直线图解法和一元线性回归是常用的方法。

（1）直线图解法。凡实验数据可直接绘成一条直线或经过变量变换后能变为直线的，都可以用此法。具体方法如下：将自变量与因变量一一对应的点描绘在绘图软件上，作拟合直线。所得直线的斜率就是直线方程 $y=a+bx$ 中的系数，直线在 y 轴上的截距就是直线方程中的 a。直线的斜率可用直角三角形的 $\Delta y/\Delta x$ 的比值求得。直线图解法的优点是简便。

（2）一元线性回归。一元线性回归就是工程上和科研中通常遇到的配直线的问题，即两个变量 x 和 y 存在一定的线性相关关系，通过实验取得数据后，用最小二乘法求出系数 a 和 b，建立回归方程 $y=a+bx$（称为 y 对 x 的回归线）。用最小二乘法求系数时，应满足以下两个假定：一是所有自变量的各个给定值均无误差，因变量的各值可带有测定误差；二是最佳直线应使各实验点与直线的偏差的平方和为最小。

1.4　实验误差及其处理

误差是指测量值与被测量的真实值或测量值与标准值之差。科学研究的目的是得到某种定性和定量的结果，为此就必须使用一定的测试仪器对未知量进行测量，以得到其准确数值。但实际上，即使采用最可靠的测试方法、最精密的仪器、最精细的操作，所测得的数值也不可能和真实数值完全一致。即使是同一个人，用同一种方法对同一个项目进行数次测定，所得结果也往往并不完全一致。不管主观愿望如何，不论在测量时如何努力，在测试过程中误差总是存在的，这就是误差的必然性原理。但是，如果掌握了产生误差的基本规律，检查产生误差的原因，采取有效措施就可以减小误差，使所测结果尽可能地反映被测量的真实数值，这是研究误差问题的目的所在。

1.4.1 真实值与平均值

实验过程中要做各种测试工作，由于仪器、测试方法、环境、人的观察力、实验方法等都不可能做到完美无缺，因此无法测得真实值。如果对同一考察项目进行无限多次的测试，然后根据误差分布定律中正、负误差出现的概率相等的概念，可以求得各测试值的平均值，在无系统误差的情况下，此值为接近真实值的数值。一般来说，测试的次数总是有限的，用有限测试次数求得的平均值，只能是真实值的近似值。常用的平均值有如下几种。

1. 算术平均值

算术平均值是最常用的一种平均值，当观测值呈正态分布时，算术平均值最接近真实值。设 $x_1, x_2, \cdots, x_n$ 为各次观测值，n 代表观测次数，则算术平均值定义为

$$\bar{x} = \frac{x_1 + x_2 + \cdots + x_n}{n} = \frac{1}{n}\sum_{i=1}^{n} x_i \tag{1-1}$$

2. 均方根平均值

均方根平均值应用较少，其定义为

$$\bar{x} = \sqrt{\frac{x_1^2 + x_2^2 + \cdots + x_n^2}{n}} = \sqrt{\frac{1}{n}\sum_{i=1}^{n} x_i^2} \tag{1-2}$$

式中：各符号意义同前。

3. 加权平均值

若对同一事物用不同方法测定，或者由不同的人测定，计算平均值时，常用加权平均值。计算公式为

$$\bar{x} = \frac{\omega_1 x_1 + \omega_2 x_2 + \cdots + \omega_n x_n}{\omega_1 + \omega_2 + \cdots + \omega_n} = \frac{\sum_{i=1}^{n} \omega_i x_i}{\sum_{i=1}^{n} \omega_i} \tag{1-3}$$

式中：ω_i 为与各观测值相应的权，其余符号意义同前。各观测值的权 ω_i，可以是观测值的重复次数，也可以是观测值在总数中所占的比例，或者可根据经验确定。

4. 中位值

中位值是指一组观测值按大小次序排列的中间值。若观测次数是偶数，则中位值为正中间两个值的平均值。中位值的最大优点是求法简单。只有当观测值的分布呈正态分布时，中位值才能代表一组观测值的中心趋向，近似于真实值。

5. 几何平均值

如果一组观测值是非正态分布，对这组数据取对数后，所得图形的分布曲线更对称时，常用几何平均值。几何平均值是一组 n 个观测值连乘并开 n 次方求得的值，计算公式如下：

$$\overline{x} = \sqrt[n]{x_1 x_2 \cdots x_n} \tag{1-4}$$

也可用对数表示：

$$\lg \overline{x} = \frac{1}{n} \sum_{i=1}^{n} \lg x_i \tag{1-5}$$

1.4.2　误差的相关概念

1. 准确度与误差

准确度是指测定值与真实值之间相差的程度，即测定结果与真实数值的符合程度，通常用误差的大小来表示。误差越小，表示测量值与真实值越接近，测量结果的准确度越高。反之，准确度就越低。

误差分为绝对误差和相对误差，其表示方法如下：

$$绝对误差 = 测量值 - 真实值 \tag{1-6}$$

$$相对误差 = \frac{测量值 - 真实值}{真实值} \times 100\% \tag{1-7}$$

误差有正值和负值之分。正值表示测量结果偏高，负值表示测量结果偏低。绝对误差只显示误差绝对值的大小，而不能清楚地反映误差在测定结果中所占比例，所以一般不用绝对误差而用相对误差表示测定结果的准确度。绝对误差与被测量值的大小无关，而相对误差由于表示误差在测量结果中所占的百分率，则与被测量值的大小有关，被测量值越大，相对误差越小。因此，相对误差更具有实际意义，测定结果的准确度常用相对误差来表示。在测定的精度一定的条件下，被测定对象的有关数值越大，则相对误差越小，测定的准确度就越高。应当注意，任何测试方法都是由几个环节组成的，在测试过程中每一环节的准确度都必须符合该测试方法所要求的准确度。

2. 精密度与偏差

精密度是指在相同条件下多次测定的结果互相吻合的程度，表现了测定结果的再现性。在实际工作中，未知量的真实数值是不知道的，测定时总是在相同的条件下用同一方法对未知量进行平行的数次测定，求出它们的算术平均值，而把该平均值当作最合理的数值。各次测得的数值与其算术平均值之间相符合的程度就是测定的精密度，通常用偏差表示。偏差越小说明测定结果的精密度越高。偏差也有正负，同样分绝对偏差与相对偏差，而用相对偏差的数值表示精密度的高低。

$$绝对偏差＝测得数值－算术平均值 \tag{1-8}$$

$$相对偏差 = \frac{绝对偏差}{算术平均值} \times 100\% \tag{1-9}$$

绝对偏差是单次测定值与平均值的差值。相对偏差是绝对偏差在平均值中所占的百分率。绝对偏差和相对偏差都只是为了表示单次测量结果对平均值的偏离程度。为了更好地说明精密度，在实验工作中常用平均偏差和相对平均偏差来衡量总测量结果的精密度。

平均偏差：

$$\bar{d} = \frac{|d_1| + |d_2| + \cdots + |d_n|}{n} \tag{1-10}$$

相对平均偏差：

$$\bar{d}\% = \frac{\bar{d}}{x} \times 100\% \tag{1-11}$$

式中：n 为测定次数；$|d_n|$ 表示第 n 次测定结果的绝对偏差的绝对值。平均偏差和相对平均偏差不计正负。

除此之外，因为单个误差可大可小，可正可负，无法表示该条件下的测定精密度，因此常采用极差、算术平均误差、标准误差等表示精密度的高低。

1）极差

极差也称范围误差，是指一组观测值中的最大值与最小值之差，是用来描述实验数据分散程度的一种特征参数。计算公式为

$$R = x_{\max} - x_{\min} \tag{1-12}$$

极差的缺点是只与两极值有关，而与观测次数无关。用极差反映精密度的高低比较粗糙，但计算方便。在快速检验中可以度量数据波动的大小。

2）算术平均误差

算术平均误差是观测值与平均值之差的绝对值的算术平均值。其表达式为

$$\delta = \frac{\sum_{i=1}^{n} |x_i - \bar{x}|}{n} = \frac{\sum_{i=1}^{n} |d_i|}{n} \tag{1-13}$$

3）标准误差

标准误差也称均方根误差或均方误差，是指各观测值与平均值之差的平方和的算术平均值的平方根。其计算式为

$$\sigma = \sqrt{\frac{1}{n} \sum_{i=1}^{n} (x_i - \bar{x})^2} = \sqrt{\frac{\sum_{i=1}^{n} d_i^2}{n}} \tag{1-14}$$

在有限的观测次数中，标准误差常表示为

$$\sigma_{n-1} = \sqrt{\frac{1}{n-1} \sum_{i=1}^{n} (x_i - \bar{x})^2} \qquad (1\text{-}15)$$

可以看到，当观测值越接近于平均值时，标准误差越小；当观测值与平均值偏差越大时，标准误差也越大。即标准误差对测试中的较大误差或较小误差比较灵敏，所以它是表示精密度的较好方法，是表明实验数据分散程度的一个特征参数。

1.4.3　误差的种类、产生的原因及其消除方法

误差根据其性质可分为系统误差和偶然误差两类。

1. 系统误差

系统误差又称可测误差，它是由于某种固定的原因造成的，如由测定方法本身引起的、仪器本身不够精密、试剂不够纯等。这些情况产生的误差，在同一条件下重复测定时会重复出现。它对测试结果的影响比较固定，在各次测试中误差的正负号相同，数值接近。造成的原因主要有以下几种。

（1）方法误差：由于测试方法本身不够完善而带来的误差。如测试烟气含尘浓度时，因采样嘴口径不合适造成的误差。

（2）仪器误差：由于仪器不够准确造成的误差。如天平砝码未经校正引起的称量误差。

（3）试样误差：如测定粉尘分散度时，由于粉尘试样代表性不好而造成的误差。

（4）环境误差：如测定时的实际温度对标准温度有偏差，测定过程中温度、湿度、气压等按一定规律变化。

（5）主观误差：由于操作不正确引起的误差。如实验者的某些固有习惯导致的在读数时产生具有某一固定倾向的误差。

系统误差可通过采用标准方法或标准样品进行对照实验、空白实验、校正仪器等方法进行修正。例如，对于方法误差，可选用公认的标准方法与某方法进行比较，找出校正系数，然后将某方法测得的结果乘上校正系数，使误差消除。对于仪器误差，可事先将仪器进行校正，测定时用校正值进行计算。试样代表性不好时，可以严格按标准的取样方法进行取样。对于环境误差，可设法调节实验的环境条件，使之符合标准条件。建立统一的操作规程、严格的操作技术，可消除主观误差。增加平行测定的次数，采取数理统计的方法不能消除系统误差。

2. 偶然误差

偶然误差又称随机误差，它是由一些难以控制的偶然因素引起的误差，如测定时温度、气压的微小波动，仪器性能的微小变化，操作人员对各份试样处理时的微小差别等。由于引起的原因有偶然性，所以造成的误差是可变的，有时大有时小，有时是正值有时是负值。这类误差难以找出确定的原因，因而常称为不定误差，它不能用实验的方法加以修正，但

可以估计出并减小它对测试结果的影响。通过多次平行实验并取结果的平均值,可减少偶然误差。在消除了系统误差的情况下,平行测量的次数越多,测量结果的平均值越接近于真实值。偶然误差貌似没有一定的规律性,但就误差的总体来说,它服从统计规律。当测定次数很多时,可以发现偶然误差的出现表现出严格的规律性:绝对值相等的正误差和负误差出现的机会相等;小误差出现的次数多,而大误差出现的次数很少。因此,测定次数越多,则测定结果的算术平均值的偶然误差也就越小。可以采用对同一未知量进行多次重复测定,取平均值的方法来减小偶然误差。

除上述两类误差外,还有因工作疏忽、操作失误而引起的过失误差,如试剂用错、刻度读错、砝码认错或计算错误等,应尽力避免这些所引起的误差。

1.4.4　准确度与精密度的关系

系统误差是测量中误差的主要来源,它影响测定结果的准确度。偶然误差影响结果的精密度。测定结果准确度高,一定要精密度也好,才能够表明每次结果的再现性好。若精密度很差,则说明测定结果不可靠,已失去衡量准确度的前提。偶然误差小,则几次测定的结果都很接近,也就是精密度高。系统误差小,测量值就接近于真实值,也就是准确度高。因此,精密度高,准确度不一定高;要求准确度高,则精密度首先要高。如果测定结果很分散,则可靠性就要降低,也就难以保证其准确性。实验中往往只满足于实验数据的重现性,而忽略精密的测试结果是否准确。只有在消除了系统误差之后,才能做到精密度既好,准确度又高。因此,在评价测量结果时,必须将系统误差和偶然误差的影响结合起来考虑,以提高测定结果的准确性。

为了提高实验方法的准确度和精密度,必须减少和消除系统误差和随机误差。提高准确度和精密度的方法有:减少系统误差;增加测定的次数;选择合适的实验方法。

1.4.5　有效数字及其运算规则

实验结果不仅要准确,还必须正确地记录数据和计算结果,需要正确处理测量值和计算值的有效数字。

1. 有效数字

有效数字是指数据中所有的准确数字和第一位可疑数字,它们都是直接由实验中测量到的,可直接读出。实验数据的有效数字位数取决于测量仪器的精密程度。例如,托盘天平可称量至0.1g,物体在托盘天平上称得质量为1.8g,该数据中的数字"8"是估读出来的,该物体的实际质量为(1.8±0.1)g,它的有效数字是2位。又如,电光分析天平可称量至0.0001g,若该物体在电光分析天平上称得质量为1.8566g,该数据中的最后一位"6"是估读出来的,那么该物体的实际质量为(1.8566±0.0001)g,它的有效数字是5位。由此可见,有效数字中的最后一位数字是不准确的,是可疑数字。因此,任何超过或低于测试仪器精密程度的有效数字位数都是不恰当的。

有效数字的位数不仅表示测量数值的大小，还表示测量的准确程度。例如，用分析天平称得某试样的质量为 0.5180g，这是 4 位有效数字，它不仅说明了试样的质量，同时也表明了最后一位数字"0"是可疑的，有±0.0001 的误差。也就是说，该试样的实际质量是在（0.5180±0.0001）g 范围内的某一数值。这个称量的绝对误差是±0.0001g，相对误差为

$$\frac{\pm 0.0001}{0.5180} \times 100\% = \pm 0.02\%$$

假如将上述称量结果写成 0.518g，最后一位"0"没有写上，这就变成 3 位有效数字了，它表示最后一位"8"是可疑数字，该试样的实际质量就变成在（0.518±0.001）g 范围内的某一数值。这时的绝对误差为±0.001g，相对误差为

$$\frac{\pm 0.001}{0.518} \times 100\% = \pm 0.2\%$$

由此可见，有效数字多写一位或少写一位就导致其准确度相差 10 倍。下面举例说明有效数字的位数。

数值：   68.00   68.0   68   0.6080   0.0608   0.0068

有效数字位数： 4 位   3 位 2 位   4 位   3 位   2 位

可以看出，数字"0"起的作用是不同的，它除用来作有效数字外，也用来定位。"0"如果在数字前面，则只起定位作用，表示小数点位置，不是有效数字；"0"如果在数字的中间或末端，则表示一定的数值，是有效数字，不能随意取消。对于很小的数值和很大的数值，为了清楚地表示出它的测量精密度与准确度，可将有效数字写出，并在第一位有效数字后面加上小数点，该数值的数量级用 10 的整数幂来确定，这种数据的记法称为科学记数法。例如，0.000016 可记为 1.6×10^{-5}，而 16000 可记为 1.6×10^{4}。科学记数法的好处是不仅易于辨认一个数值的准确度，而且便于运算。

2. 有效数字的舍入规则

在有效数字的运算中，经常遇到取舍问题，有效数字取舍应遵守舍入规则。

若确定要保留有效数字的位数为 n，则 n 位以后的数字的舍入规则如下：

（1）若 n 位以后的数小于第 n 位的一个单位的一半，则舍去。例如 8.1249，要求保留 3 位有效数字，应为 8.12。

（2）若 n 位以后的数大于第 n 位的一个单位的一半，则第 n 位增加一个单位。例如 4.86 与 4.8705，均要求保留 2 位有效数字，则均为 4.9。

（3）如 n 位以后的数恰好是第 n 位的一个单位的一半，则舍入规则如下：

①如第 n 位为偶数，则 n 位以后的数舍去。例如 22.605，保留 4 位有效数字，应为 22.60；43.450，保留 3 位有效数字，应为 43.4。

②若第 n 位为奇数，则增加一个单位。例如 21.550，保留 3 位有效数字，应为 21.6；8.55，保留 2 位有效数字，应为 8.6；3.095，保留小数点后两位数字，应为 3.10。

3. 有效数字的运算规则

在计算过程中，有效数字的适当保留很重要，计算时运用没有意义的数字，会导致计算结果不准确。

1）加减运算

几个数据相加减时，其和或差值的有效数字的位数应依小数点后位数最少的数据为根据。舍去多余位数的数字要遵守前述舍入规则。

例如：0.0121 + 0.225 + 25.64 + 1.04782 = ?

由有效数字含义可知，四个数中最末一位都是可疑的，其中 25.64，小数点后第二位已不准确了，即从小数点后第二位开始即使与准确的有效数字相加，得出的数字也不会准确。因此，此例中加法运算各数值的有效位数应以 25.64 为根据，舍去的数字是小数点后第三位后的数字，相加结果为

$$0.01 + 0.22 + 25.64 + 1.05 = 26.92$$

例如：13.6–2.25 = ?

由 13.6 有效数字位数为 3 位，最后一位数 6 即为可疑数，其与 2.25 中第三位有效数字 5 相减已无准确意义。而应根据前述舍入规则，13.6 与舍去小数点后第二位数字 5 的 2.2 相减才合理。

$$13.6–2.2 = 11.4$$

2）乘除运算

乘除运算的舍入规则与加减运算不同，参与加减运算的数值，有效位数取决于绝对误差最大的那个数值；参与乘法运算的数值，有效位数取决于相对误差最大的那个数值。

例如：

$$\frac{0.0324 \times 5.103 \times 60.06}{139.8} = 0.0710$$

各数的相对误差分别为

$$\frac{\pm 0.0001}{0.0324} \times 100\% = \pm 0.3\%$$

$$\frac{\pm 0.001}{5.103} \times 100\% = \pm 0.02\%$$

$$\frac{\pm 0.01}{60.06} \times 100\% = \pm 0.02\%$$

$$\frac{\pm 0.1}{139.8} \times 100\% = \pm 0.07\%$$

在四个数中，相对误差最大即准确度最差的是 0.0324，是三位有效数字，因此计算结果也应取三位有效数字 0.0710。此外，乘方相当于乘法，开方是乘方的逆运算，故可按乘除法处理。对有效数字作对数或三角函数运算时，应选用比有效数字多一位的函数表读数，最后结果按舍入规则弃去多余的一位。

1.5　大气环境与大气污染物

环境是指以人类为主体的外部世界，即人类赖以生存和发展的物质条件的综合体。大气环境就是人类赖以生存的大气圈，它是重要的环境要素之一，为人类的生存提供必不可少的物质——空气。

人类在生产、生活中和大气进行着物质和能量交换，影响着大气环境质量。在一定范围的大气中，出现了原来没有的微量物质，其数量和持续时间都可能对人和动植物产生不利影响和危害。当这些微量物质的浓度达到有害程度，以致破坏生态系统和人类正常生存和发展的条件，对人或物造成危害的现象称为大气污染。

大气污染物的种类很多，目前引起人们注意的有 100 多种，下面按两种最常见的分类方式对大气污染物进行分类。

1. 按存在形态分——气态污染物和颗粒污染物

气体状态污染物是以分子状态存在的污染物，简称气态污染物。气态污染物的种类很多，总体上可以分为五大类：以二氧化硫（SO_2）为主的含硫化合物，以氧化氮（NO）和二氧化氮（NO_2）为主的含氮化合物，碳氧化物，有机化合物及卤素化合物等。

颗粒污染物根据物理性质的不同，又可分为如下几种。

（1）粉尘（dust）：是指悬浮于气体介质中的小固体颗粒，受重力作用能发生沉降，但在一段时间内能保持悬浮状态。它通常是由于固体物质的破碎、研磨、分级、输送等机械过程，或土壤、岩石的风化等自然过程形成的。颗粒的形状往往是不规则的。颗粒的尺寸范围一般为 $1\sim200\mu m$。属于粉尘类的大气污染物的种类很多，如黏土粉尘、石英粉尘、煤粉、水泥粉尘、各种金属粉尘等。

（2）烟（fume）：通常指由冶金过程形成的固体粒子的气溶胶。在工业生产过程中总是伴有诸如氧化之类的化学反应，熔融物质挥发后生成的气态物质冷凝时便生成各种烟尘。烟的粒子是很细微的，粒径范围一般为 $0.01\sim1\mu m$。产生烟是一种较为普遍的现象，如有色金属冶炼过程中产生的氧化铅烟、氧化锌烟，在核燃料后处理厂中的氧化钙烟等。

（3）飞灰（fly ash）：指由燃料燃烧后产生的烟气带走的灰分中分散得较细的粒子。灰分是含碳物质燃烧后残留的固体渣，在分析测定时假定它是完全燃烧的。

（4）黑烟（smoke）：通常指由燃烧产生的能见的气溶胶，不包括水蒸气。在某些文献中以林格曼数、黑烟的遮光率、沾污的黑度或捕集的沉降物的质量来定量表示黑烟。黑烟的粒径范围为 $0.05\sim1\mu m$。在某些情况下，粉尘、烟、飞灰、黑烟等小固体颗粒气溶胶的界限很难明显区分开。根据我国的习惯，一般可将冶金过程和化学过程形成的固体颗粒气溶胶称为烟尘；将燃料燃烧过程产生的飞灰和黑烟，在不需仔细区分时，也称烟尘。在其他情况下，泛指小固体颗粒的气溶胶时，则通称粉尘。

（5）雾（fog）：一般指小液体粒子的悬浮体。它可能是由于液体蒸气的凝结、液体的雾化以及化学反应等过程形成的，如水雾、酸雾、碱雾、油雾等，液滴的粒径范围在 $200\mu m$ 以下。

（6）总悬浮颗粒物（TSP）：指大气中粒径小于 $100\mu m$ 的所有固体颗粒。

2. 按来源或成因分——一次污染物和二次污染物

一次污染物是指直接从污染源排放的污染物质，如 SO_2、NO_2、CO、颗粒物等。它们又可分为反应物和非反应物，前者不稳定，在大气环境中常与其他物质发生化学反应，或者作为催化剂促进其他污染物之间的反应，后者则不发生反应或反应速率缓慢。

二次污染物是指由一次污染物与大气中已有组分或几种一次污染物之间经过一系列化学或光化学反应而生成的与一次污染物性质不同的新污染物质。二次污染物主要有硫酸烟雾和光化学烟雾。

硫酸烟雾是大气中的 SO_2 等硫氧化物，在有水雾、含有重金属的悬浮颗粒物或氮氧化物存在时，发生一系列化学或光化学反应而生成的硫酸雾或硫酸盐气溶胶。

光化学烟雾是在阳光照射下，大气中的氮氧化物、碳氢化合物和氧化剂之间发生一系列光化学反应而生成的蓝色烟雾（有时带些紫色或黄褐色）。其主要成分有臭氧、过氧乙酰硝酸酯、酮类和醛类等。

硫酸烟雾和光化学烟雾引起的刺激作用和生理反应等危害，要比一次污染物强烈得多。

1.6 大气环境污染物浓度表示方法

大气环境污染物浓度的表示方法有以下两种：

（1）质量浓度表示法：每立方米空气中所含污染物的质量，即 mg/m^3 或 $\mu g/m^3$。这种表示方法对任何状态的污染物都适用。

（2）体积浓度表示法：一百万体积的空气中所含污染物的体积，即 ppm[①]、mL/m^3 或 $\mu L/m^3$。这种表示方法仅适用于气态或蒸气态物质，它不受空气温度和气压变化的影响。

大部分气体检测仪器测得的气体浓度都是体积浓度（ppm、mL/m^3 或 $\mu L/m^3$）。而按我国规定，特别是环保部门，则要求气体浓度以质量浓度的单位（如 mg/m^3 或 $\mu g/m^3$）表示，我们国家的标准规范也都是采用质量浓度单位（如 mg/m^3）表示。使用质量浓度单位（mg/m^3）作为空气污染物浓度的表示方法，可以方便计算出污染物的真正量。但质量浓度与检测气体的温度、压力环境条件有关，其数值会随着温度、气压等环境条件的变化而不同；实际测量时需要同时测定气体的温度和大气压力。而使用 mL/m^3 描述污染物浓度时，由于采取的是体积比，不会出现这个问题。

质量浓度与体积浓度间的换算关系如下：

$$c_v = 22.4 \times \frac{c_m}{M} \tag{1-16}$$

式中：c_v 为以 mL/m^3 表示的气体浓度（标准状况下）；c_m 为以 mg/m^3 表示的气体浓度；M 为气态物质的分子质量，g；22.4 为标准状况下气体的摩尔体积，L。

因为质量浓度受温度和气压变化的影响，为使计算出的浓度具有可比性，我国空气质量标准采用标准状况（0℃，101.325kPa）时的体积。非标准状况下的气体体积可用气态方程式换算成标准状态下的体积，换算公式如下：

$$V_0 = V_t \times \frac{273.15}{273.15 + t} \times \frac{p}{101.325} \tag{1-17}$$

式中：V_0 为标准状况下的采样体积，L 或 m^3；V_t 为现场状况下的采样体积，L 或 m^3；t 为采样时的温度，℃；p 为采样时的大气压，kPa。

---

① 1ppm $= 10^{-6}$。

1.7　大气监测分析中的检出限、精密度和准确度

1.7.1　大气监测分析中的检出限

检出限是指在给定的概率 $P=95\%$（显著水准 5%）时，能够定性地区别于零的最低浓度或含量。它与测定下限存在区别，测定下限是指在给定的概率 $P=95\%$（显著水准 5%）时，能够定量地检测出最低浓度或含量。

检出限和测定下限的估算方法有如下几种。

1. 比色法和分光光度法

以重复多次（至少 6 次）测定的试剂空白吸光度值，以试剂空白值的吸光度的 3 倍标准差或吸光度在 0.01 处所对应的浓度或含量作为检出限值，两者中取其最大值；取 10 倍试剂空白吸光度值的标准差或吸光度在 0.03 处，所对应的浓度或含量作为测定下限值，两者中取最大值。

2. 原子吸收法

（1）配制约等于 5 倍预期测定下限浓度的含基质的被测物的标准溶液和一个含基质空白溶液。

（2）将仪器调至最佳操作条件后，依空白—标准—空白—标准的顺序，测量标准溶液和空白溶液的吸光度值，不少于 10 次。

（3）分别计算每个标准溶液前后空白溶液吸光度值的平均值，并以每个标准的吸光度值减去空白溶液吸光度值的平均值，得到修正的标准溶液的吸光度值，由修正的吸光度值从标准曲线上求出相应的浓度值。

（4）计算出标准溶液的平均浓度值和标准差。按下式计算检出限和测定下限：

$$检出限(\mu g/mL)=\frac{标准溶液浓度×3×标准差}{标准溶液测得的平均浓度}$$

或吸光度在 0.01 处所对应的浓度值，两者中取最大值。

$$测定下限(\mu g/mL)=\frac{标准溶液浓度×10×标准差}{标准溶液测得的平均浓度值}$$

或吸光度在 0.03 处所对应的浓度值，两者中取最大值。

3. 色谱法和其他仪器方法

首先将气相色谱仪器调试到最佳测试条件，高阻调至最大，衰减调至最小，其基线噪声在 1 格以下（10mV 记录仪在 0.1mV 以下）。若噪声太大，可调节衰减或高阻，使噪声水平降至 1 格以下。以记录仪 2 格所对应的被测物质浓度或含量作为检出限，以记录仪 5 格所对应的被测物质浓度或含量作为测定下限，或以噪声的 2 倍为检出限，噪声的 5 倍为测定下限。

1.7.2　大气监测分析中的精密度

精密度是分析方法最关键的技术指标。它常用来衡量分析结果的好坏，并以标准偏差表示。它反映了测试数据的离散程度，通过重复测量可以获得较好的精密度。但是，不但要知道其离散程度的大小，还要观察其稳定性，这就需要做多次重复的测量，即随时间的推移或实验条件的变化进行复测。根据具体情况的不同，又常用两种方式表示精密度。

（1）重复性。由同一分析人员用相同条件得出的一组平行测定数据的精密度称为重复性（也称重现性）。

（2）再现性。由不同的分析人员或不同实验室在各自的条件下，用相同方法分析从同一总体随机抽出的样品所得的结果之间的精密度称为再现性。

在环境监测中作为一种推荐方法或制定统一的分析方法，除进行重复性测定以外，还应考虑进行再现性测定所表示的精密度。

在方法测定范围内选择相当于 0.5 倍、2 倍和 5 倍卫生标准规定的最高容许浓度界限的三个浓度点，在 6 天内至少进行 6 次重复测定，根据 n 次测定值（x_i）计算每个浓度点的平均值（$\bar{x}$）和标准差（S）。用相对标准差[又称变异系数（CV）]以及三个浓度点的平均相对标准差（MCV）[又称合并变异系数（$\overline{CV}$）表示方法的精密度。

（1）计算每个浓度点重复测定的标准差。

$$S = \sqrt{\frac{\sum (x_i - \bar{x})^2}{n-1}} \tag{1-18}$$

式中：S 为标准差；n 为重复测定次数（$n \geqslant 6$）；x_i 为各次测定值；$\bar{x}$ 为测定值的平均数。

（2）计算每个浓度点重复测定的相对标准差。

$$CV = \frac{S}{\bar{x}} \times 100\% \tag{1-19}$$

（3）计算三个浓度点重复测定的相对标准差。

$$MCV = \sqrt{\frac{(n_1-1)CV_1^2 + (n_2-1)CV_2^2 + (n_3-1)CV_3^2}{(n_1+n_2+n_3)-3}} \tag{1-20}$$

式中：MCV 为平均相对标准差；n_1、n_2、n_3 分别为三个浓度点的测定次数；CV_1、CV_2、CV_3 分别为三个浓度点的相对标准差。

精密度的界限要求对 0.5 倍浓度点的相对标准差在 10%以内，2 倍以上浓度点的相对标准差和三个浓度点的平均相对标准差均在 7%以内。

1.7.3　大气监测分析中的准确度

测定值和真实值吻合的程度称为准确度，准确度高低主要由系统误差决定，但也包含随机误差。测定值和真实值之间越吻合表示测定越准确，即准确度越高，测定值比真实值大时误差是正的，测定值比真实值小时，误差是负的。关于方法的准确度，难以用一项指标来定论，它包括采样和分析的全过程。一般情况可用标准物质加入法、做干扰实验及洗脱和热解吸效率等方法，来评估准确度。

1. 用标准物质评价方法准确度

将标准物质当作样品一样测定，计算测定值与标准给定值之间的误差。如果误差是在标准物的允许限之内，或相对误差小于±10%，则表明方法是可信的。

2. 用标准加入法测定回收率

（1）将已知量的标准物质加至样品中，该加入量与测定结果对比，测定结果是从加标样品的分析结果（A）中扣除原样品的分析结果（B）得到的，按式（1-21）计算回收率：

$$k = \frac{A - B}{C} \times 100\% \tag{1-21}$$

式中：k 为回收率，%；A 为加入标准物样品测得的总量；B 为原样品中测得的量；C 为加入被测物的标准量。

（2）加入标准量必须是加标后的样品测定值仍在方法测定范围之内。加标量过高，实际意义不大；加标量过小，由于本底值波动可使回收率波动很大，造成难以评价或错评。

（3）要采用标准加入法在标准曲线浓度范围内（低、高）两个不同浓度点测回收率，每个浓度点至少重复 6 次，相对标准差小于 10%，回收率 90%以上。

3. 洗脱和热解吸效率

对于用填充柱管或浸渍滤料采样，应给出溶剂洗脱或热解吸效率，以修正方法的测量值，实验方法如下：

（1）取 18 支采样管分为三组，每组 6 支，加入一定量的被测物标准气或标准溶液，放置 12h 使其平衡。其加入量一般为被测物浓度在 0.5 倍、2 倍和 5 倍卫生标准规定的最高容许浓度界限值时，在方法规定的采样体积下所用的量。加入标准溶液时体积应小于 10μL。

（2）各管用洗脱剂洗脱或热解吸后进行测定，同时用含相同量的标准气或标准溶液，不经洗脱或热解吸步骤直接测定作为对照实验，比较两者测定结果。用下式计算洗脱效率或热解吸效率 E。

$$E = \frac{\text{经洗脱剂洗脱或热解吸后测定值}}{\text{对照实验值}} \times 100\%$$

洗脱剂洗脱效率或热解吸效率在 90%以上，三组平均相对标准差在 10%以下，认为这种洗脱方法或解吸方法是可以接受的。

4. 干扰实验

（1）进行干扰实验的干扰物质应选择现场空气中与被测物可能共存的物质或反应原理中已知可能干扰的物质。

（2）干扰实验的被测物质浓度应是相当于卫生标准规定的最高容许浓度界限值的0.5～5 倍，加入干扰物质的量应是可能共存的最大量或者取干扰物质的最高容许浓度的相当量。

（3）加入干扰物质后，使测定误差超过方法误差容许限或相对误差大于±10%时可认为有干扰。

5. 样品储存的稳定性

配制卫生标准规定的最高容许浓度的标准气体，共采 30 个样品，或用吸收液配制 30 份上述浓度的标准溶液，立即测定 6 个，其余放在室温下保存，分别在 1 天、3 天、5 天、7 天后分析，每天分析 6 个。观察样品在室温下储存的稳定性。以各测得浓度的平均值与立即分析的平均值相对误差在 10%以内的放置时间为适宜储存时间。如果样品需要放在冰箱中储存，应按照相同方法观察其稳定性，以确定适宜的储存时间。

1.8　标准物质和质量控制

1.8.1　标准物质

1. 标准物质的概念

标准物质在质量控制领域起着不可或缺的作用，是一种已经确定了具有一个或多个足够均匀的特性值的物质或材料，作为分析测量行业中的"量具"，应用于校准测量仪器和装置、评价测量分析方法、测量物质或材料特性值和考核分析人员的操作技术水平等方面。

在复杂的环境样品中，各种环境污染物的浓度一般都在 10^{-6}～10^{-9} 级水平，而大量存在的其他物质称为基体。然而，目前在环境监测中所用的分析测定方法绝大多数是相对分析法。所谓相对分析法，是将基准试剂或标准溶液与待测样品在相同条件下进行比较测定。由于单一组分的标准溶液与实际样品间的差异很大，因而把标准溶液作为"标准"来测定实际样品时会产生很大误差。这种由于基体因素而给测定带来的影响，称为基体效应。

为了避免基体效应所产生的误差，通常把在组成和性质上与待测样品相似，而且组分含量已知的物质作为分析测定的标准，称为标准物质。环境标准物质是指按规定的准确度和精密度确定了某些物理特性或组分含量值，在相当长时间内具有可被接受的均匀性和稳定性，并在组成和性质上接近环境样品的物质。环境标准物质有如下几个特性：

（1）环境标准物质是直接用环境样品或模拟环境样品制得的一种混合物，它的基体组成很复杂，在大气监测中可以配制具有一定代表性的气体标准物质。

（2）环境标准物质具有良好的均匀性，这是标准物质称为测量标准的基本条件，也是传递准确度的必要条件。

（3）待测组分的浓度不能太低，以免测定结果受测定方法的检测限和精密度的影响。

（4）具有良好的稳定性和长期保存性。

（5）环境标准物质是一种消耗性的物质，因此，每次制备的量要大些。

2. 标准物质的分类

目前，各种标准物质的分类和等级问题尚未做统一规定，国际上常用如下几种分类方法。

（1）按国际纯粹与应用化学联合会（IUPAC）的分类法可分为：原子量标准的参比物质、基准标准、一级标准、工作标准、二级标准、标准参考物质、传递标准七类。

（2）按审批者的权限水平分类可分为：国际标准物质（由各国专家审定并在国际上通用）、国家一级标准物质（由各国政府中的权威机构审定）和部颁二级标准物质以及地方标准物质（由某一地区、学会或科学团体制定）。

其中，国家一级标准物质应具备以下条件：

①用绝对测量法或两种以上不同原理的准确、可靠的测量方法进行定值，此外也可在多个实验室中分别使用准确、可靠的方法进行协作定值。

②定值的准确度应具有国内最高水平。

③应具有国家统一编号的标准物质证书。

④稳定时间应在一年以上。

⑤均匀性应保证在定值的精确度范围内。

⑥应具有规定的合格的包装形式。

3. 选择标准物质的原则

大气环境监测中应根据分析方法和被测样品的具体情况运用适当的标准物质，在选择标准物质时，应考虑以下原则。

（1）对标准物质基体组成的选择：标准物质的基体组成与被测样品的组成越接近越好，这样可以消除基体效应引入的系统误差。

（2）标准物质准确度水平的选择：标准物质的准确度应比被测样品预期达到的准确度大 3~10 倍。

（3）标准物质浓度水平的选择：分析方法的精密度是被测样品浓度的函数，所以要选择浓度水平适当的标准物质。

（4）取样量的选择：取样量不得小于标准物质证书中规定的最小取样量。

4. 标准物质的使用

使用标准物质一定要注意或考虑以下问题：

（1）选择标准物质的原则是标准物质证书给定值的不准确度所带来的误差应不大于测量结果误差的1/3。

（2）基体效应。大多数分析方法都有基体效应，所以应尽可能地选用与被测样品基体组成类似的标准物质。

（3）要严格按证书所规定的方法使用标准物质，如取样量大小、储存条件、使用时切勿沾污等。

（4）有时还需要考虑物理因素，如用 X 射线荧光光谱分析测定时，若标准物质与未知样品表面状态不同，就会带来测量误差。

1.8.2　质量控制

环境监测质量控制是指为达到所规定的监测质量而对监测过程采用的控制方法，其目的就是要把系统误差和偶然误差减小到许可的范围。实验室质量控制是环境监测质量保证的一个重要部分，具体可从以下几方面着手。

1. 对技术人员的要求

（1）应经过良好训练，操作正确熟练。

（2）对本专业有足够的技术知识，熟悉所采用的测试方法的原理及给定的所有操作条件。

（3）应懂得简单的统计技术，正确使用有效数字和统计方法，能基本掌握分析测试结果的表达和统计推断的有关知识。

（4）对所得到的每一个数据认真核对，包括从采样开始到得到结果的每一个步骤都必须一清二楚。

2. 样品检验的质量保证

为了获得精确可靠的数据，除了对实验技术人员有严格要求以外，对于测定的对象（样品）也有严格的质量要求。

（1）采样技术。采样是否合理，直接关系到监测数据的质量。采样时应明确规定采样的时间和地点、采样周期和频率，以及采样方法和仪器；还应取得采样时的气象参数或气象部门提供的有关气象资料。这些问题关系到所分析气样是否具有代表性、均匀性和稳定性。

（2）样品的保存。包括运输过程和储存的容器及条件，若保存不当可能被污染或被测组分会损失和变质等。

（3）样品处理方法。包括取样的方法和稀释样品的操作技术，以及样品前处理过程中的浓缩、分离与提取等。

（4）实验室仪器、实验环境、实验条件、测定程序与实验记录都要有明确的规定和要求，分析人员不得随意更换。

3. 实验室分析质量控制

（1）仪器设备的要求。仪器设备要定期检查和校正。仪器的设置地点应考虑防震、防潮、防腐蚀、防尘的环境。

（2）试剂与标准品。所用试剂必须符合方法所规定的条件，对标准物质除必须使用分析纯试剂（A.R.）来配制外，有的还要求用更纯净的标准品，如色谱纯、光谱纯或特殊要求的试剂等。

（3）方法的选择和验证。实验室内部要经常对选定方法的灵敏度、精密度、准确度几个方面进行验证工作。只有这样才能确定所选的方法是否可靠。

（4）实验室质量控制图的应用。实验室内的质量控制应定期进行，当每批试剂或标准物更换时，或到一定时期，均要重新建立新的质控图，绝不能一劳永逸。

（5）建立数据的处理程序和核算制度。实验室应该建立质量控制数据库和相应的处理程序，以及经济核算过程和相应的制度，确保实验室质量控制的精确、及时和完整，为实验室的后续建设和发展提供支持。

第 2 章　大气环境样品采样方法

在大气环境监测实验中，样品采集是测定大气污染物的第一步，并且尤为重要，采样方法不正确或者不规范，即使操作者再细心、实验室分析再准确、实验室质量保证和质量控制再严格，也无法得出准确的测定结果。

2.1　采　样　原　理

根据被测物质在大气中的存在状态和浓度，以及分析方法的灵敏度，可选择不同的采样方法。大气样品的采集方法一般分为直接采样法和富集（浓缩）采样法两种。直接采样法适用于大气中被测组分浓度较高或者所用监测方法十分灵敏的情况，此时直接采取少量气体就可以满足分析测定要求。直接采样法测得的结果反映大气污染物在采样瞬时或者短时间内的平均浓度。富集（浓缩）采样法适用于大气中污染物的浓度很低，直接取样不能满足分析测定要求的情况，此时需要采取一定的手段，将大气中的污染物进行浓缩，使之满足监测方法灵敏度的要求。由于富集（浓缩）采样法采样需时较长，所得到的分析结果反映大气污染物在浓缩采样时间内的平均浓度。

2.1.1　直接采样法

直接采样法常应用于气态污染物的样品采集。

1. 注射器采样

在现场直接用 100mL 注射器连接一个三通活塞抽取空气样本，密封进样口，带回实验室分析。采样时，先用现场空气抽洗 3~5 次，然后抽样，将注射器进气口朝下，垂直放置，使注射器内压力略大于大气压。

2. 塑料袋采样

用一种与所采集的污染物既不起化学反应，也不吸附、不渗漏的塑料袋。使用前检查气密性，充足气后，密封进气口，将其置于水中，不冒气泡即为达到气密性要求。使用时用现场空气冲洗 3~5 次，再充进现场空气，夹封装口，带回实验室分析。此法具有经济和轻便的特点，使用前事先对塑料袋进行样本稳定性实验。

3. 固定容器采样

此法适用于采集少量空气样本。具体方法有两种：一种是将真空采气瓶抽真空至

133Pa 左右，如瓶中事先装好吸收液，可抽至溶液冒泡为止，将真空采气瓶携带至现场，打开瓶塞，被测空气即充进瓶中。关闭瓶塞，带回实验室分析，采气体积即为真空采气瓶的体积。也可以将真空采气瓶抽真空后密封，到现场后从断痕处折断，空气即充进瓶内，完成后盖上橡皮帽，带回实验室分析。另一种方法是使用采气管，通过置换法采集被测空气。在现场用双连球打气，使通过采气管的空气量至少为管体积的 6～10 倍，完全置换采气管中原有的空气，然后封闭两端管口，带回实验室分析，采样体积即为采气管容积。

2.1.2　富集（浓缩）采样法

1. 气态污染物采样

大气中污染物含量往往很低，需要采用一定的方法将大量空气样本进行浓缩，使之满足分析方法灵敏度的要求，根据该方法的操作特征，也可以将其称为动力式采样法。此方法具体操作如下：采用抽气泵抽取空气，将空气样本通过收集器中的吸收介质，使气体污染物浓缩在吸收介质中，从而达到浓缩采样的目的。根据吸收介质的不同，可以分为溶液吸收法、填充柱采样法、低温冷凝浓缩法等。富集（浓缩）采样法采样时间一般比较长，测得结果代表采样时段的平均浓度，更能反映大气污染的真实情况。

1）溶液吸收法

此方法采用一个气体吸收管，内装吸收液，后接抽气装置，以一定的气体流量，通过吸收管抽入空气样本，当空气通过吸收液时，被测组分被吸收在溶液中。取样后采集吸收液，分析其中被测物的含量，根据测得结果及采样体积计算大气中污染物的真实浓度。吸收液的选择按照一定的原则进行筛选，关键点是对被采集的物质溶解度大、化学反应速率快、污染物在其中有足够的稳定时间。

2）填充柱采样法

此方法采用一个内径为 3～5cm、长 5～10cm 的玻璃管，内装颗粒物或纤维状固体填充剂。空气样本被抽过填充柱时，空气中被测组分因吸附、溶解或化学反应作用被阻留在填充剂中。采样后，通过解吸或溶剂洗脱，使被测组分从填充剂中释放出来进行测定。

3）低温冷凝浓缩法

基于大气中某些沸点比较低的气态物质在常温下用固体吸附剂很难完全被阻留的特点，应用制冷剂使其冷凝下来，浓缩效果较好。低温冷凝浓缩法是将 U 形或蛇形采样管插入冷阱中，当大气流经采样管时，被测组分因冷凝而凝结在采样管底部。常用的冷凝剂有冰-盐水（–10℃）、干冰-乙醇（–72℃）、液氧（–183℃）、液氮（–196℃）以及半导体制冷器等。在应用低温冷凝法浓缩空气样品时，在进样口需接某种干燥管（如内填过氯酸镁、烧碱石棉、氢氧化钾或氯化钙等的干燥管），以去除空气中的水分和二氧化碳，避免在管路中同时冷凝，解析时与污染物同时气化，增大气化体积，降低浓缩效果。如用气相色谱法测定，可将采样管与仪器进气口连接，移去冷阱，在常温或加热情况下气化，进入仪器测定。

2. 颗粒状污染物采样

颗粒物的浓缩采样法主要有沉降法和滤料法。

1）沉降法

主要有自然沉降法和静电沉降法。

（1）自然沉降法。自然沉降法是利用颗粒物受重力场作用，沉降在一个敞开的容器中，此法适用于较大粒径（＞30μm）的颗粒物的测定。例如，测定大气中的降尘。测定时，将容器置于采样点，采集空气中的降尘，采样后用重量法测定降尘量，并用化学分析法测定降尘中的组分含量。结果用单位面积、单位时间大气中自然沉降的颗粒物质量表示。此法较为简便，但受环境气象条件影响，误差较大。

（2）静电沉降法。静电沉降法主要利用电晕放电产生离子附着在颗粒物上，在电场作用下使带电颗粒物沉降在极性相反的收集极上。此法收集效率高，无阻力。采样后取下收集极表面沉降物质，供分析用。不宜用于易爆场合，以免发生危险。

2）滤料法

滤料法是通过抽气泵抽入空气，空气中的悬浮颗粒物被阻留在滤料上，滤料采集空气中的气溶胶颗粒物是基于直接阻截、惯性碰撞、扩散沉降、静电引力和重力沉降等作用。分析滤料上被浓缩的污染物的含量，再除以采样体积，即可计算出空气中的污染物浓度。滤料法根据粒子切割器和采样流速等不同，分别用于采集空气中不同粒径的颗粒物。空气中同时存在大小不等的颗粒物，当采样速度一定时，就可能使一部分粒径小的颗粒物采集效率偏低。此外，在采样过程中，还可能发生颗粒物从滤料上弹回吹走的现象。

3. 混合污染物样本采样

大气环境监测实验所分析的气体样本会存在非单一的形态，如气态与颗粒物共存的状况，综合采样法是针对混合污染物样本这样的情况设计的。其基本原理是使颗粒物通过滤料截留，在滤料后安置吸收装置吸收通过的气体。由于采样流量受到后续气体吸收的制约，故在具体操作中需针对不同的采样要求进行一定的改变。具体方法有以下几种。

1）浸渍试剂滤料法

此方法将某种化学试剂浸渍在滤纸或滤膜上，作为采样滤料，在采样中，空气中污染物与滤料上的试剂迅速发生化学反应，从而将以气态或蒸气态存在的被测物有效地收集下来。用这种方法可在一定程度上避免滤料用于采集颗粒物时气态物质逃逸的情况，并能同时将气态和颗粒物质一并采集，效率较高。

2）泡沫塑料采样法

聚氨基甲酸酯泡沫塑料比表面积大，通气阻力小，适用于较大流量采样，常用于采集半挥发性的污染物，如杀虫剂和农药。采集过程中，可吸入颗粒物采集在玻璃纤维纸上，蒸气态污染物采集在泡沫塑料上。泡沫塑料在使用前根据需要进行处理，一般方法为先用NaOH溶液煮沸 10min，再用蒸馏水洗至中性，在空气中干燥。如采样后需要用有机溶剂提取被测物，应将塑料泡沫放在索氏提取器中，用正己烷等有机溶剂提取 4～8h，挤尽溶剂后在空气中挥发残留溶剂，必要时在 60℃的干燥箱内干燥。处理好后需在密闭的瓶中保存，使用后洗净可以重复使用。

3）多层滤料法

此法用两层或三层滤料串联组成一个滤料组合体。第一层用玻璃纤维滤纸或其他有机合成纤维滤料，采集颗粒物；第二层或第三层可用浸渍试剂滤纸，采集通过第一层的气体污染物成分。

4）环形扩散管和滤料组合采样法

针对多层滤料法中气体通过第一层滤料时的气体吸附或反应所造成的损失问题，提出了环形扩散管和滤料组合采样法。该法气体通过扩散管时，由于扩散系数增大，很快扩散到管壁上，被管壁上的吸收液吸收。颗粒物由于扩散系数较小，受惯性作用随气流穿过扩散管并采集到后面的滤料上。此法克服了气体污染物被颗粒物吸附或与之反应造成的损失，但是环形扩散管的设计和加工以及内壁涂层要求很高。

2.2　采样装置与系统

用直接采样法采集空气样品时可不使用动力装置。但用富集（浓缩）采样法时，需使用有动力装置的采样仪器，其主要由收集器、流量计和采样动力三个部分组成。

2.2.1　收集器

收集器是捕集大气中欲测物质的装置，根据被测物质在空气中的存在状态来选择相应的收集器。常用的收集器有以下几种。

（1）液体吸收管。主要用于采集气态或蒸气态物质样品。最常用的有气泡吸收管、多孔玻板吸收管、多孔玻柱吸收管、多孔玻板吸收瓶和冲击式吸收管等。

（2）填充柱采样管。管内可装预先处理过的颗粒状或纤维状的固体填充剂（如硅胶活性炭等）。采样流量为 0.5～5.0L/min。适用于采集蒸气态与气溶胶共存物质。

（3）滤料采样夹。滤料采样夹有多种形式，可装上直径为 40mm 的滤膜，采样流量为 5～30L/min。所采集的空气样品，适于做单项组分分析。

2.2.2　流量计

流量计是测量气体流量的仪器。目前所使用的以抽气泵为采样动力的仪器，就需要用流量计来计算所采空气样品的体积。流量计的种类很多，常用的有皂膜流量计、孔口流量计、转子流量计、临界孔稳流流量计、质量流量计等。现场采样用的流量计要求轻便、易携带。孔口流量计和转子流量计较符合这种要求。

在使用流量计时由于流量计出厂前校准其流量值时的条件与使用时的条件不同（主要指阻力不同），所以必须重新校准，以保证刻度值的准确性。应当指出的是，流量计校准时，必须将流量计连接在采样系统中进行校准，否则校准的流量值无效。

2.2.3 采样动力

在空气采样中，采样动力是重要的组成部分之一。采样动力的选择，应根据所需采样流量、采样体积、所用收集器及采样点条件来选择。一般应选择质量轻、体积小、抽气动力大、克服阻力强、流量稳定、工作时间长及噪声小的采样动力。

注射器、连续抽气筒、双连球等手动采样动力适用于采气量小、无市电供给的情况。对于采样时间较长和采样速度要求较高的场合，需要使用电动抽气泵。常用的有薄膜泵、电磁泵、真空泵、刮板泵等。

下面简单介绍几种常用的采样动力。

（1）玻璃注射器。选用 100mL 磨口医用玻璃注射器，使用前需检查是否严密不漏气。一般用于采集空气中的有机气体。

（2）双连球。双连球是一种带有单向进气阀门的橡胶双连球。它适用于采集空气中的惰性气体，如一氧化碳等。

（3）电动抽气泵。常用于采样速度较大、采样时间较长的场合。目前最常用的有薄膜泵和电磁泵两种。前者的采样流量范围为 0.5～3.0L/min；后者的采样流量范围为 0.5～1.0L/min，并具有体积小、质量轻、可长时间工作的特点。

此外，刮板泵也常用作空气采样器的抽气动力，采样流量较大，可用于采集气态、蒸气态及颗粒状态的污染物。

2.2.4 专用采样装置

专用采样器是为采样方便，将收集器、流量计和采样动力组装在一起。根据实际需要，有交流、直流和交直流两用等不同供电方式的采样器。有的采样器上装有自动计时装置，用来控制采样时间。按用途和构造，可分气体采样器、颗粒物采集器和个体剂量器等。

2.3 质量控制与质量保证

2.3.1 现场采样质量保证

（1）采样管的制备、吸附剂的活化和空白检验规范有效。

（2）确定安全采样体积和采样效率：实际采样体积不能超过阻留最弱的化合物安全采样体积。采样效率要求达到90%以上。

（3）现场采样的代表性：包括选点的要求以及采样时间和频率等。

（4）采样器气密性检查和流量校正：采样前应对采样系统进行检查，不得漏气。用皂膜流量计校正采样前和采样后的流量相对误差小于5%。

（5）平行采样：两个平行样品测定值之差与平均值比较的相对偏差不超过 20%。

（6）空白管检验：在一批现场采样中，应有两个采样管不采样，按其他采样管一样对待，作为采样过程中空白检验，若空白管检验超过控制范围，则这批样品作废。

（7）样品运输和保存：采样后，封闭采样管的两端，装入可密封的金属或在玻璃管中保存。

（8）将采样体积换算成标准状况下的采样体积。

2.3.2　实验室分析质量控制

（1）实验确定样品解吸和仪器分析的最佳条件。

（2）标准样品和仪器校正。

①标准样品：有液体标样和气体标样。气体标样有高压钢瓶气和扩散管两种方式，前者气体浓度较高，应用时需要定量稀释；后者是动态配气，需要动态配气装置。

②仪器校正：用配制的标准溶液或标准气体制作测定范围内的标准曲线，一般做 6 个浓度点（包括零浓度点）。零浓度点的空白值和标准曲线的斜率需要经常检验，以达到实验室分析质量控制的要求。

（3）解吸效率和加标回收率：做高、中、低三个浓度点的实验，加标回收率要求达到90%以上。

（4）实验室质量控制图的应用：作空白管和标样管的质控图，保证常规样品测定结果控制在容许范围之内。

2.3.3　正确采样的原则

（1）采集的样品要均匀，有代表性。

（2）采样方法要与分析目的一致。

（3）采样过程要设法保证原有的理化性质，防止成分逸散，如水分、挥发性酸等。

（4）防止带入杂质或污染。

（5）采样方法尽量简单，处理装置尺寸适当。

第3章　大气环境样品制备

3.1　样品的预处理

大气样品种类繁多，其组成、浓度、物理形态等均是影响分析测定的因素。样品预处理是提高分析测定效率、改善和优化分析方法的重要环节；通常样品预处理所用时间远大于分析测定的时间，占分析的消耗总成本最大，是影响实验结果好坏的最重要因素。

1. 样品预处理的目的

①除去微粒；②减少干扰杂质；③浓缩微量的组分；④提高检测的灵敏度及选择性；⑤改善分离的效果；⑥有利于色谱柱及仪器的保护。

2. 样品预处理的原则（需要考虑的问题）

①样品中可能存在的物质组成和浓度水平；②样品中的主要组分；③采样方法是非破坏性的还是破坏性的；④收集的样品必须有代表性；⑤采用方法必须和分析目的保持一致；⑥样品制备过程中尽可能防止和避免待测定组分发生化学变化或丢失；⑦样品处理中，若进行待测定组分的化学反应，则反应应是已知的和定量完成的；⑧样品制备过程中，要防止和避免待测定组分受到污染，减少无关化合物引入制备过程；⑨处理过程应简单易行，所用样品处理装置的尺寸应与处理样品的量相适应；⑩采样后应尽快进行分析样品的制备和分析，或使用适当的方法消除可能产生的干扰，做好样品的保存。

3. 样品预处理的方法

样品预处理常用的方法如下：

（1）高速离心：以离心机为主要设备，通过离心机的高速运转，使离心加速度超过重力加速度的成百上千倍，而使沉降速度增加，以加速药液中杂质沉淀并除去的一种方法。

（2）过滤、超滤：过滤是在推动力或者其他外力作用下悬浮液（或含固体颗粒发热气体）中的液体（或气体）透过介质，固体颗粒及其他物质被过滤介质截留，从而使固体及其他物质与液体（或气体）分离的操作。超滤是一种加压膜分离技术，即在一定的压力下，使小分子溶质和溶剂穿过一定孔径的特制的薄膜，而使大分子溶质不能透过，留在膜的一边，从而使大分子物质得到了部分纯化。

（3）选择性沉淀：又称分步沉淀或分级沉淀，是指在一定条件下，使一种离子先沉淀，而其他离子在另一条件下沉淀的现象。

①对于同种类型的沉淀，溶度积（K_{sp}）小的先沉淀。溶度积差别越大，后沉淀的离子浓度就越小，分离效果也就越好。

②当一种试剂能沉淀溶液中多种离子时，生成沉淀所需试剂离子浓度越小的越先沉淀；如果生成各种沉淀所需试剂离子浓度相差较大，就能分步沉淀，从而达到分离的目的。

③分步沉淀的次序还与被沉淀的各离子在溶液中的浓度有关。如果将生成沉淀物的离子浓度加以适当改变，也可能改变沉淀顺序。

（4）萃取：又称溶剂萃取或液液萃取，也称抽提，是利用系统中组分在溶剂中有不同的溶解度来分离混合物的单元操作，即利用物质在两种互不相溶（或微溶）的溶剂中溶解度或分配系数的不同，使溶质物质从一种溶剂内转移到另外一种溶剂中的方法。另外，将萃取后两种互不相溶的液体分开的操作，称为分液。

固-液萃取，也称浸取，用溶剂分离固体混合物中的组分，如用水浸取甜菜中的糖类，用酒精浸取黄豆中的豆油以提高油产量，用水从中药中浸取有效成分以制取流浸膏（称为"渗沥"或"浸沥"）。

（5）索氏抽提：又称索氏提取、沙氏提取，是从固体物质中萃取化合物的一种方法。适用于提取溶解度较小的物质，但当物质受热易分解和萃取剂沸点较高时，不宜用此种方法。

（6）衍生反应：衍生反应是一种利用化学变换把化合物转化成类似化学结构的物质。一种难以分析检测的化合物参与衍生反应，溶解度、沸点、熔点、聚集态或化学成分会产生偏离，由此产生的新的易于分析检测的化合物可用于量化或分离。

（7）加速溶剂萃取（ASE）：是在较高的温度（50～200℃）和压力（1000～3000psi①）下用有机溶剂萃取固体或半固体的自动化方法。提高的温度能极大地减弱由范德瓦耳斯力、氢键、目标物分子和样品基质活性位置的偶极吸引所引起的相互作用力。液体的溶解能力远大于气体的溶解能力，因此增加萃取池中的压力使溶剂温度高于其常压下的沸点。该方法的优点是有机溶剂用量少、快速、基质影响小、回收率高和重现性好。

（8）浓缩样品：样品在经过提取、净化等步骤之后，体积增大，待测物质浓度降低，不利于检测。故用浓缩法减少样品体积，提高待测物浓度。

样品预处理新技术如下：

（1）固相萃取（SPE）：利用选择性吸附与选择性洗脱的液相色谱法分离原理。较常用的方法是使液体样品溶液通过吸附剂，保留其中被测物质，再选用适当强度溶剂冲去杂质，然后用少量溶剂迅速洗脱被测物质，从而达到快速分离净化与浓缩的目的。也可选择性吸附干扰杂质，而使被测物质流出；或同时吸附杂质和被测物质，再使用合适的溶剂选择性洗脱被测物质。

（2）固相微萃取（SPME）：以熔融石英光导纤维或其他材料为基体支持物，采取"相似相溶"的特点，在其表面涂渍不同性质的高分子固定相薄层，通过直接或顶空方式，对待测物进行提取、富集、进样和解析。然后将富集了待测物的纤维直接转移到仪器（GC或HPLC）中，通过一定的方式解吸附（一般是热解吸或溶剂解吸），然后进行分离分析。

固相微萃取法的原理与固相萃取不同，固相微萃取不是将待测物全部萃取出来，其原理是建立在待测物在固定相和流动相之间达成的平衡分配基础上。

---

① 1psi = 6.895kPa = 0.06895bar。

（3）超临界流体萃取（SFE）：在较低温度下，不断增加气体的压力时，气体会转化成液体，当压力增加时，液体的体积增大，对于某一特定的物质而言总存在一个临界温度（T_c）和临界压力（p_c），高于临界温度和临界压力，物质不会成为液体或气体，这一点就是临界点。在临界点以上的范围内，物质状态处于气体和液体之间，这个范围之内的流体成为超临界流体（SF）。

（4）微波辅助萃取（MAE）：根据不同物质吸收微波能力的差异使得基体物质的某些区域或萃取体系中的某些组分被选择性加热，从而使得被萃取物质从基体或体系中分离，进入介电常数较小、微波吸收能力较差的萃取剂中，达到提取的目的。

（5）加压液体萃取（PLE）：又称加压溶剂萃取或压力液体萃取，是利用少量有机溶剂提高温度和增加压力，从而提高固体或半固体样品中有机物的萃取效率。

（6）亚临界水萃取（SWE）：将水加热至沸点以上、临界点以下，并控制系统压力使水保持为液态，这种状态的水被称为亚临界水，在文献中也有称它为超热水和高温水。通常条件下，水是极性化合物。在 505kPa 压力下，随温度升高（50～300℃），其介电常数由 70 减小至 1，也就是说其性质由强极性渐变为非极性，可将溶质按极性由高到低萃取出来。在温度和压力都较高的条件下，水的极性降低，可以萃取非极性化合物；温度和压力都较低的条件下，水的极性提高，可以萃取极性化合物。

（7）液相微萃取（LPME）：是一种新型绿色环保的样品前处理技术。具体是利用分析物和微量萃取溶剂（微升级甚至纳升级）之间不同的分配系数，实现目标物的萃取富集，整个过程可以集采样、萃取和浓缩几大步骤于一体。

（8）浊点萃取（CPE）：以中性表面活性剂胶束水溶液的溶解性和浊点现象为基础，改变实验参数引发相分离，将疏水性物质与亲水性物质分离。

预处理新技术的特点如下：

（1）固相萃取：所需样本量少，避免了乳化现象，回收率高，重现性好，而且便于自动化操作，采用商品化小柱，价格昂贵。

（2）超临界流体萃取：耗时短，选择性好，易于与多种分析仪器连用实现自动化分析。

（3）微波辅助萃取：萃取时间短，溶剂用量少，可根据吸收微波的能力选择不同的萃取溶剂，实现多个样品的同时萃取，以及动态 MAE 装置易于自动化。

（4）加压液体萃取：溶剂用量少，萃取时间短，回收率、精度与索氏提取相当。

（5）亚临界水萃取：对中等极性和非极性化合物溶解度高，快速，有效。

（6）液相微萃取：技术集采样、萃取、浓缩于一体，操作简单快捷；萃取效率高，富集效果好，灵敏度高；所需的有机溶剂少，绿色环保，环境友好，且所需样品溶液的量较少，适用于环境样品中痕量、超痕量污染物和生物样品等复杂基质中低浓度分析物的测定；便于仪器的联用化和自动化。

（7）浊点萃取：操作步骤简单，无须专门仪器，应用广，效率高，不使用有机溶剂等。

3.2　样品的储存

一般来说，气体样本采集后应尽快送至实验室分析，以保证样本的代表性。在运送过程中，应保证气体样本的密封，防止不必要的干扰。由于样本采集后往往要放置一段时间才能分析，所以对采样器在稳定性方面有一定的要求。要求在放置过程中样本能够保持稳定性，尤其是对于那些活泼性较大的污染物以及那些吸收剂不稳定的采样器。

测定采样器的稳定性实验如下：将 3 组采样器按每组 10 个暴露在被测物浓度为 1S 或 5S（S 为被测物卫生标准容许浓度值）、相对湿度为 80%的环境中，暴露时间为推荐最大采样时间的一半。第一组在暴露后当天分析；第二组放在冰箱中（5℃）至少 2 周后分析；第三组放在室温（25℃）1 周或 2 周后分析。如果第二组或第三组与当天分析组（第一组）的平均测定值之差在 95%概率的置信度小于 10%，则认为样本在所放置的时间内是稳定的。若观察样本在暴露过程中的稳定性，则可以将标准样本加到吸收层上，在清洁空气中晾干后分成两组，第一组立即分析，第二组在室温下放置至少为推荐的最大采样时间或更长时间（如 1 周）后再分析，将其结果与第一组结果相比较，以评价采样器在室温下暴露过程中和放置期间的稳定性。要求采样器所采用的样本在暴露过程中是稳定的，并有足够的放置稳定时间。

3.3　样品分析前准备

在样品预处理之后正式进入样品分析测试之前，需要做一定的准备工作，如分析方法的选择、标准溶液的配制和标准曲线的绘制等。

3.3.1　分析方法的选择

分析方法的选择是保证监测分析质量的重要环节，对同一污染物项目的测定，常有多种方法可供选择。选择时一般遵循以下原则：

（1）选择的分析方法对待测组分有足够的灵敏度、准确度和精密度，能达到要求的检测限和动态范围。

（2）选择的分析方法具有较好的选择性和抗干扰能力。

（3）选择的分析方法要结合现有的仪器设备和条件，尽可能降低测定成本。

为了保证测定结果的可比性，应尽可能选择标准分析方法。但是，由于环境样品来源复杂，样品间个体差异大，应用时要注意它们的适用性，必要时需结合样品的特殊性对标准分析方法进行适当修正。

由于污染物样品的复杂性、测定难度、要求信息量及响应速度在不断提高，这就给环境样品分析带来艰巨的任务。显然，采用一种分析技术往往不能满足要求。将几种方法结合起来，特别是将分离技术（气相色谱法、高效液相色谱法）和鉴定方法（质谱法、红外光谱法等）结合组成的联用分析技术，不仅可以将它们的优点汇集起来，取长补短，起到方法间的协同作用，从而提高方法的灵敏度、准确度以及对复杂混合污染物的分辨能力，同时还可以获得两种手段各自单独使用时所不具备的某些功能，因而联用分析技术已成为当前环境监测仪器分析发展的主要方向之一。

3.3.2　标准曲线的绘制

1. 标准曲线的浓度范围

标准曲线的浓度范围是通过绘制标准曲线确定的。分析方法的测定范围是指标准曲线的线性部分所对应的上限值到下限值之间的区域。在规定的采样体积和分析条件下，标准曲线各点对应的浓度范围应尽可能包括被测物 0.5～5 倍卫生标准规定的最高容许浓度界限值。通常以标准曲线的浓度范围来估算方法的测定范围。

比色法、分光光度法，取净吸光度值（减去空白值）为 0.03 在标准曲线上对应的浓度（含量）或空白值的 10 倍标准差计算。

色谱法（气相色谱、液相色谱、离子色谱）、电化学分析法等，测定范围的下限值，以噪声的 5 倍所相当的浓度（含量）或以线性浓度范围的测定下限表示。

原子吸收分光光度法和其他仪器分析方法，可参照比色法和色谱法进行。

2. 标准曲线上的浓度点数

比色法或分光光度法的标准曲线一般不少于 5 个浓度点，其中包括一个试剂空白的零浓度点。测定范围的净吸光度值（减去空白值）应控制在 0.03～0.7 范围内。其他仪器分析方法，不少于 3 个浓度点，测定范围的响应值应控制在满量程的 0.05～0.9，同时以零浓度点作试剂空白测定。

3. 标准曲线的绘制

对每个浓度点至少重复做 6 次，各浓度点重复测定的平均相对标准差应小于或等于 7%，上、下限浓度点控制在小于或等于 10%。以被测物各浓度或含量为横坐标，和对应各点的平均响应值为纵坐标，绘制标准曲线。

3.4　样　品　分　解

试样分解方法应满足以下条件：①使试样完全分解或有效分解。完全分解指试样各组分都进入溶液，无残渣；有效分解指试样中待测组分进入溶液。②与分离方法衔接。③待测组分不应损失（溅失、挥发等）。

在测定大气颗粒物中的无机污染物前，需要对所采样品进行分解，常用的方法有湿式分解法、干式灰化法和水浸取法。前面两种方法用于测定金属元素或非金属元素，后一种方法用于测定颗粒物中的水溶性成分，如硝酸盐、硫酸盐、氯化物等。

1. 湿式分解法

分解大气颗粒物样品常用的消解体系有：硝酸、盐酸-硝酸、硝酸-过氧化物、硝酸-氢氟酸、硝酸-高氯酸等。如果要测定颗粒物中所有存在形态的某一无机元素，则需要用加氢氟酸的消解体系将样品的硅酸盐全部溶解，使与之结合的元素释放出来，除此之外，不宜使用氢氟酸消解样品。

对于降尘，在采样后经烘干、称量，可直接称取适量样品进行消解；对于 TSP 或更小粒径的颗粒物，应先选择空白本底值低的有机材质滤膜采样，采样后对滤膜进行恒重称量，然后根据采样量选取一定面积的滤膜，剪碎后与颗粒物一起消解。消解时既可以在常压下用电热板加热的方式进行，也可以用微波消解的方式。用微波消解时，消解罐内的气压可以调至常压以上，使消解液的温度高于 100℃。微波消解罐的密封性好，可减少易挥发元素的损失。因此，与常压消解相比，微波消解既省时，又具有较高的回收率。该方法更适用于微量样品的预处理。消解完毕后，试液应清澈透明，稍冷后加 2% HNO_3 或 HCl 溶解可溶盐。若有沉淀，应过滤，滤液冷至室温后用二次蒸馏水或去离子水定容，备用。

2. 干式灰化法

将适量降尘样品或采样后的滤膜放入坩埚中，置于马弗炉内，在 450～550℃下灼热至样品呈灰白色。取出坩埚，冷却，用适量 2% HNO_3 或 HCl 溶解灰分，过滤，滤液定容后供测定。

本方法不适用于处理砷、汞、镉、硒、锡等易挥发组分的颗粒物样品。

3. 水浸取法

取适量降尘样品或采样后的滤膜（剪碎），置于 10mL 聚氯乙烯等有机材质的试管中，加入 10mL 去离子水，用力振摇，使滤膜与水充分接触。将试管放入超声振荡器中振荡提取 30min，分离水，将上清液用 0.45μm 亲水滤膜过滤，备用。在相同条件下，不同粒径颗粒物中水溶性物质的提取率存在差异，应根据具体情况选取合理的提取次数，以保证较高的提取效率。如果样品需要提取多次，可逐次适当减少去离子水用量，每次的提取液合并摇匀后供测定。

大气颗粒物中常含有铝、铁、钙、钴、镍、铜、铅、锌、镉、铬、锑、锰、砷等元素。其测定方法分为不需要样品分解和需要样品分解两类。前一类方法包括中子活化法、X 射线荧光光谱法等。这类方法测定速度快，且不破坏试样，能同时测定多种金属和非金属元素。后一类方法包括原子吸收分光光度法、原子荧光分光光度法、催化极谱法等，是目前广泛应用的方法。此外，电感耦合等离子体原子发射光谱法（ICP-AES）和电感耦合等离子体质谱法（ICP-MS）也用于大气颗粒物中无机元素的测定，但因仪器价格昂贵，其应用受到限制。

第4章　标准气体及其配制方法

4.1　标准气体概念

标准气体是指气体状态的标准参比物质，包括高纯度标准气体和混合标准气体，配气主要是指配制混合标准气体。混合标准气体是由已知含量的一种或多种组分的气体混合到另一种不与其发生反应的背景气体中而制成。

4.2　配制原理与方法

标准气体在环境空气监测工作中是很重要的，在定性、定量及质量控制等方面是检验监测方法、监测仪器及监测技术的重要依据。标准气体准确与否与监测方法、监测数据的准确度直接相关。配气方法通常可分为静态配气法和动态配气法两种。

4.2.1　静态配气法

1. 原理

静态配气法是把一定量的气态或蒸气态的原料气，加入已知体积的容器中，然后再加入稀释气体，混合均匀。根据加入的原料气和稀释气的量以及容器的体积，即可计算气体的浓度。

静态配气法的优点是设备简单，操作容易，配制少量标准气可以用注射器或玻璃瓶，大量标准气需用塑料袋或高压钢瓶等配制。由于有些气体化学性质比较活泼，长期与容器壁接触可能发生反应。同时容器壁或多或少都有些吸附现象。这些因素造成配气浓度不准或浓度随放置时间而变化。特别是配制较低浓度气体时，常会引起较大的误差。但对于某些不活泼的气体、用气量又少时，常使用此法。

2. 配气方法

静态配气法按配气容器不同可分为如下几种。

注射器配气：配制少量的混合气，可用 100mL 注射器经多次稀释制得。气体浓度根据原料气的浓度和稀释倍数来计算。所用注射器必须严密不漏气，刻度需校准。

配气瓶配气：取 20L 玻璃瓶或聚乙烯塑料瓶，洗净烘干，精确标定体积。将配气瓶内抽成负压，用净化过的空气冲洗几次，排出瓶中原有的全部空气。再抽成负压（如瓶中剩余压力约 50kPa），然后加入一定量的原料气，并充入净化空气达到大气压力。摇动瓶中聚四氟乙烯搅拌片，使瓶中气体混合均匀，即可使用。根据配气瓶的容积和加入原料气的量计算瓶中气体浓度。若加入的原料气在常温下是气体，可用气体定量管取已知纯度的原料气。气体定量管体积事先应精确校准好，量取气体时应考虑定量管活塞死体积，并进行修正。

除玻璃瓶、塑料瓶配气外，还有高压钢瓶配气等。静态配气装置见图 4-1。

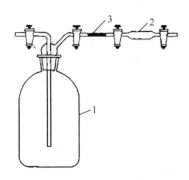

图 4-1 静态配气装置

1. 配气瓶；2. 气体定量管；3. 连接管

4.2.2 动态配气法

1. 原理

动态配气法是将已知浓度的原料气，以较小的流量，恒定不变地送到气体混合器中，经净化的稀释气以较大的流量恒定不变地通过混合器，与原料气混合并将其稀释，稀释后的混合气连续不断地从混合室中流出，准确测量两股气流的流量之比就是稀释倍数，从稀释倍数可计算混合气的浓度，调节流量比可以得到所需浓度的混合气，气体混合器装置见图 4-2。混合气浓度计算如下：

$$c = \frac{Q_2 \times c'}{Q_1 + Q_2}$$

式中：c 为混合气浓度；c' 为原料气浓度；Q_1 为稀释气流量；Q_2 为原料气流量。

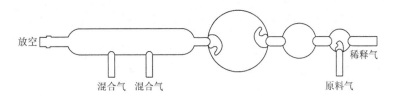

图 4-2 气体混合器

2. 配气方法

连续稀释法是动态配气中最常用的方法。最简单的就是气体从钢瓶中控制一定流量放出来，如果有标准气源，可以由标准气源发生出来，也可以用纯气或者用静态配气法配制一定浓度的气体，然后由一个同步马达减速器驱动一个注射器的装置，以一定的速度注入稀释气流中。为了配制更低浓度的气体，可以用第一次稀释后的混合气体，作为第二次稀释用的原料气，逐级稀释得到所需浓度的标准气体。对于这种连续逐级稀释的方法，配气浓度的精确度主要取决于原料气和稀释气两个流量的稳定程度和测量精度。

  动态配气法虽然在配气设备上比静态配气法复杂，但配气方法和设备一经建立，就可以方便地获得大量恒定浓度的标准气体。此外，用同一套配气装置，根据工作需要，可随时变更配气浓度，还可以很方便地改变标准气成分。因此，动态配气法在大气污染物分析中应用更加广泛。

第5章 大气环境固态污染物及其重金属元素监测

实验 1 大气环境粉尘采样实验

【实验目的与意义】

1. 了解粉尘的概念和分类；
2. 掌握对确定的监测项目进行采样的基本步骤；
3. 了解采样点布设、采样时间、采样频率、采样方法确定的原则和依据；
4. 熟悉粉尘采样方法和采样器。

【实验原理】

在大气中粉尘的存在是保持地球温度的主要原因之一，但大气中粉尘过多或过少会对环境产生灾难性的影响，因此有必要对大气环境中的粉尘进行采样分析。

以大气环境粉尘为监测项目进行调查研究，需先收集必要的基础资料，经综合分析，设计布点网络，选定采样频率、采样方法，获得具有代表性的样品。

1. 采样点布设方法

采样点的布设是否合理是决定监测结果的重要因素之一。采样点布设方法有功能区布点法、网格布点法、同心圆布点法、扇形布点法等，这里主要介绍前三种。

按功能区划分的布点的方法多用于区域性常规监测。先将监测区域划分为不同功能区，再根据具体污染情况和人力、物力条件，在各功能区设置一定数量的采样点。各功能区的采样点数不要求平均，一般在污染较集中的工业区和人口较密集的居住区多设采样点。

网格布点法 [图 5-1（a）] 是将监测区域地面划分为若干均匀网状方格，采样点设在两条直线的交点或方格中心。网格大小视污染源强度、人口分布及人力、物力条件等确定。若主导风向明显，下风向设点应多一些，一般约占采样点总数的 60%。对于有多个污染源且污染源分布较均匀的地区，常采用这种布点方法。它能够较好地反映污染物的空间分布。如将网格划分得足够小，则将监测结果绘制成污染物浓度分布空间图，对指导城市环境规划和管理具有重要意义。

同心圆布点法 [图 5-1（b）] 主要用于多个污染源构成污染群，且大污染源较集中的地区。先找出污染群的中心，以此为圆心在地面上画若干个同心圆，再从圆心做若干条放射线，将放射线与圆周的交点作为采样点。不同圆周上的采样点数目不一定相等或均匀分布，应在常年主导风向的下风向比上风向多设一些点。

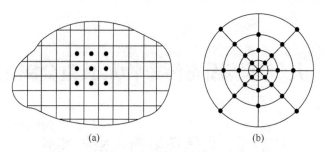

图 5-1　网格布点法（a）和同心圆布点法（b）

2. 采样时间和频率的确定

采样时间是指每次采样从开始到结束所经历的时间，也称采样时段。采样频率是指在一定时间段内的采样次数。二者要根据监测目的、污染物分布特征、分析方法灵敏度及人力、物力等因素决定。

采样时间短，试样缺乏代表性，监测结果不能反映污染物浓度随时间的变化情况，仅适用于事故性污染、初步调查等情况的监测。为了增加采样时间，可采用两种方法，一种是增加采样频率，即每隔一定时间采样测定一次，取多个试样测定结果的平均值为代表值。若采样频率安排合理、适当，积累足够多的数据，则具有较好的代表性。另一种是增加采样时间，即使用自动采样仪器进行连续自动采样，再用污染组分连续或间歇自动监测仪器进行测定，则监测结果能很好地反映污染物浓度随时间的变化趋势，得到任意时段的代表值（平均值）。显然，连续自动采样监测频率可以选得很高，累积采样时间很长。

3. 采样方法

选择采样方法要考虑的因素包括污染物的存在状态、污染物的浓度、污染物的理化特性和所用分析方法的灵敏度等。采样的方法基本可分为直接采样法和富集（浓缩）采样法两大类。这里简单介绍滤料阻留法，它属于富集（浓缩）采样法。该方法是将过滤材料（滤纸、滤膜等）放在采样夹上（图 5-2），用抽气装置抽气，使空气中的颗粒物阻留在滤料上。称量过滤材料上富集的颗粒物质量，根据采样体积，即可计算出空气中颗粒物的浓度。

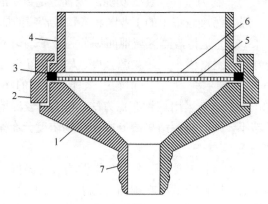

图 5-2　颗粒物采样夹

1. 底座；2. 紧固圈；3. 密封圈；4. 接座圈；5. 支撑网；6. 滤膜；7. 抽气接口

【实验试剂与仪器】

滤膜袋，镊子，硅油，硅油棒，采样头，采样夹，粉尘采样器，湿温度计，大气压力表，记录纸和笔等。

【实验方法与步骤】

1. 监测点的布设

（1）校园污染源调查。南京信息工程大学地图呈现东西狭长形，拥有在校生约 4 万人，食堂有 5 个，还有一些开水锅炉。校内有一个教师公寓施工工程，加上校内流动的渣土车，成为粉尘的主要来源。

（2）校园监测点的布设。在污染源比较集中的地方，将污染源的下风向作为主要监测范围，布设较多的采样点，并且在人口密度较大的地方要适当增设采样点。采样的高度应根据监测目的而定，可将采样器设置于常人呼吸带的高度，即采样口应距离地面 1.5～2m。根据校园污染源的特点，建议使用功能区布点法，再针对各功能区，合理地使用同心圆布点法或网格布点法。

（3）采样时间选择连续采样三天，采样频率为每天三次，分别为早上 8:00、中午 12:00 和下午 16:00。

2. 采样前的准备工作

（1）气密性检查。动力采样器在采样前应对采样系统气密性进行检查，不能漏气。

（2）采样器检查和流量校准。设备领用前要先检查仪器电量是否充足，做好流量校准记录以及设备领用记录。采样器流量校准的方法为在采样器正常使用状态下，用一级皂膜流量计校准采样器流量计的刻度，校准 5 个点，绘制流量标准曲线。记录校准时的大气压力和温度，必要时换算成标准状况下的流量。

（3）滤膜的准备。首先对滤膜进行检查，对有针孔、褶皱等缺陷的滤膜应废弃不用，然后将合格的滤膜统一编号。将已编号的滤膜放在天平室内平衡48h。称量，记录滤膜的编号和自重，将滤膜放入准备好的塑料袋内，密封好。

（4）采样人员要熟悉掌握滤膜装卸方法。

（5）检查所需物品是否带全，采样器流量是否置于最低位。

3. 采样

（1）选择适当的采样点。应选择适当操作岗位的呼吸带高度，采样头避免直接针对产生粉尘的点，以及直接飞溅入采样滤膜上，设在工作地点的下风侧，远离排气口和可能产生涡流的地点。

（2）大气压力表、湿温度检测。大气压力读数要保留一位估计值，并做好压力、湿温度记录。

（3）支起三脚架、放置采样器。注意保持采样器水平安放，要保证该采样器已经经过流量校准。

（4）用镊子取出滤膜，装入采样夹中，毛面朝向进气口，并确保滤膜四周夹紧不漏气。

（5）将采样夹与采样器连接。打开采样器电源开关，调节采样时间为15min，开启采样开关，迅速调节采样流量由小到大至20L/min，采样过程注意观察采样流量稳定。

（6）采样结束，按下停止按钮，关闭电源开关，将流量调至"零"。

（7）小心旋转采样头，防止粉尘洒落，竖向拿采样头，将采样夹取出，置于水平处，双手用镊子取出滤膜，并对折两次，装入采样袋中，采样袋上记录采样时间、采样人。填写采样原始记录表。

（8）采样结束后，清点物品，装箱。采样器交回仪器室后，做好设备领用、归还记录。

【实验数据记录与处理】

（1）绘制监测数据表（表5-1）和柱形图。

表5-1　监测数据

时间　　　　　采样点	功能区1	功能区2	功能区3
第一天 8:00			
第一天 12:00			
第一天 16:00			
第二天 8:00			
第二天 12:00			
第二天 16:00			
第三天 8:00			
第三天 12:00			
第三天 16:00			

（2）对校园空气质量及粉尘对校园大气环境的影响做出评价。

【思考题】

1. 为什么要布设采样网络？
2. 环境监测中，安排采样时间、采样频率和布设采样点的依据是什么？
3. 粉尘采样常用的采样方法有哪些？

实验2　大气环境中总悬浮颗粒物浓度监测

【实验目的与意义】

1. 了解空气中悬浮颗粒的来源、危害及主要测定方法；

2. 掌握中流量-重量法测定总悬浮颗粒物的原理;

3. 掌握中流量总悬浮颗粒物采样器结构及操作使用方法。

【实验原理】

环境空气中的总悬浮颗粒物(TSP)不仅是严重危害人体健康的主要污染物,也是气态、液态污染物的载体,其成分复杂,并且具有特殊的理化特性及生物活性,是大气环境质量监测的重要项目之一。

用重量法测定空气中总悬浮颗粒物的方法一般分为大流量($1.1 \sim 1.7 m^3/min$)和中流量($0.05 \sim 0.15 m^3/min$)采样法。其测定原理是:通过具有一定切割特性的采样器以恒速抽取一定体积的空气,使之通过已恒重的滤膜,则悬浮微粒被阻留在滤膜上,根据采样前后滤膜质量之差及采气体积,即可计算总悬浮颗粒物的质量浓度。

本实验采用中流量采样法测定。

【实验试剂与仪器】

中流量采样器,流量 50~150L/min,1 台;流量校准装置,量程 70~160L/min,经过罗茨流量计校准的孔口校准器(或 1342 型便携式电子流量计),1 台;温度计,1 支;气压计,1 台;转子流量计(量程 0~200L/min),2 个;滤膜(超细玻璃纤维或聚氯乙烯滤膜,直径 8~10cm),若干;滤膜储存袋及储存盒,若干;分析天平(精度 0.1mg),1 台。

【实验方法与步骤】

1. 采样器的流量校准

用孔口校准器对采样器进行流量校准。

新购置的或维修后的采样器在启用前校准,正常使用的采样器按月进行校准。

2. 采样

(1)每张滤膜使用前均需用光照检查,不得使用有针孔或有任何缺陷的滤膜进行采样。

(2)迅速称量在平衡室内已平衡 24h 的滤膜,读数准确至 0.1mg,记下滤膜的编号和质量,将其平展地放在光滑洁净的储存袋内,然后储存于储存盒内备用。滤膜不能弯曲或折叠。天平放置在平衡室内,平衡室温度在 20~25℃范围内,温度变化小于±3℃,相对湿度小于 50%,湿度变化小于 5%。

(3)将已恒重的滤膜用小镊子取出,毛面向上,平放在采样夹的网托上,放上滤膜夹后拧紧采样器顶盖。调整采样流量,设置采样时间,启动采样。

(4)采样 5min 后和采样结束前 5min 各记录一次压差值,读数准确至 1mm,也可直接记录气体流量。测定日平均浓度一般从上午 8:00 开始采样至第二天上午 8:00 结束,若空气污染严重,可用几张滤膜分段采样,合并计算日平均浓度。

(5)采样后,用镊子小心取下滤膜,使采样毛面朝内,以采样有效面积的长边为中线对叠好,放回表面光滑的储存袋并储存于盒内。若取滤膜时发现滤膜损坏,或表面尘土边缘轮廓模糊,滤膜安装歪斜等,说明存在漏气现象,本次采样作废。将有关实验参数及现场温度、大气压力等记录并填写在表 5-2 中。

3. 样品测定

将采样后的滤膜在平衡室内平衡 24h,迅速称量,结果及有关参数记录于表 5-3 中。

4. 实验注意事项

(1)滤膜称量时的质量控制。取清洁滤膜若干张,在平衡室内平衡 24h,称量。每张滤膜称 10 次以上,则每张滤膜的平均值为该张滤膜的原始质量,此为标准滤膜。每次称清洁或样品滤膜的同时,称量两张标准滤膜,若称出的质量在原始质量±5mg 范围内,则认为该样品滤膜称量合格,否则应检查称量环境是否符合要求,并重新称量该批样品滤膜。

(2)要经常检查采样头是否漏气。滤膜正确安装时,当滤膜上颗粒物与四周白边之间的界线渐渐模糊,则表明应更换面板密封垫。

(3)称量不带衬纸的聚氯乙烯滤膜时,在取放滤膜时,用金属镊子触一下天平盘,以消除静电的影响。

【实验数据记录与处理】

将测定的数据记录在表 5-2 中,并进行处理。

表 5-2 粉尘采样记录

监测地点_____ _年_月_日

采样时间/min	采样温度/K	采样气压/kPa	采样器编号	滤膜编号	压力差 p/cm 水柱			流量 Q/(m³/min)		备注
					开始	结束	平均	Q_1	Q_2	

总悬浮颗粒物质量浓度 c_{TSP} 的计算。可由下式计算 c_{TSP},完成表 5-3。

$$c_{TSP}(mg/m^3)=\frac{W}{Q_n \cdot t}$$

式中：W 为采集在滤膜上的悬浮颗粒质量，mg；t 为采样时间，min；Q_n 为标准状态下的采样流量，m^3/min。可按下式计算：

$$Q_n = Q\sqrt{\frac{T_3 p_2}{T_2 p_3}} \times \frac{273.15 \times p_3}{101.325 \times T_3}$$

$$= Q\sqrt{\frac{p_3 p_2}{T_2 T_3}} \times \frac{273.15}{101.325}$$

$$= 2.69Q\sqrt{\frac{p_3 p_2}{T_2 T_3}}$$

式中：Q 为现场采样流量，m^3/min；p_2 为采样器现场校准时大气压力，kPa；p_3 为采样时大气压力，kPa；T_2 为采样器现场校准时空气温度，K；T_3 为采样时的空气温度，K。

注意：若 T_3、p_3 与采样器校准时的 T_2、p_2 相近，可用 T_2、p_2 代替。

表 5-3　粉尘浓度测定记录

监测地点_____ __年_月_日

采样时间 t/min	流量 Q_n/(m³/min)	采样体积 /m³	滤膜编号	滤膜质量/g		悬浮颗粒质量 W/(mg/m³)	c_{TSP}/(mg/m³)
				采样前	采样后		

【思考题】

1. 影响粉尘浓度测试精度的因素有哪些？
2. 简述不同测点粉尘浓度出现差别的原因。
3. 滤膜在恒重称量时应注意哪些问题？

实验 3　大气环境中可吸入颗粒物监测

【实验目的与意义】

1. 了解可吸入颗粒物的种类；
2. 掌握可吸入颗粒物的监测方法；
3. 掌握采样器和切割器的具体应用。

【实验原理】

可吸入颗粒物（PM）是指通过鼻和嘴进入人体呼吸道的悬浮颗粒物的总称。空气中的可吸入颗粒物，可用大流量和小流量采样器采集，用重量法测定。这部分颗粒物具有 D_{50}（质量中值直径）= 10μm 和上截止点 30μm 的粒径范围，常用符号 PM_{10} 表示。PM_{10} 对人体健康影响较大，是室内外环境空气质量的重要监测指标。而 $PM_{2.5}$ 是指具有 D_{50} = 2.5μm 粒径的颗粒物，也称可入肺颗粒物。与较粗的大气颗粒物相比，$PM_{2.5}$ 粒径小，富含大量的有毒、有害物质且在大气中的停留时间长、输送距离远，因而对人体健康和大气环境质量的影响更大。

本实验分别通过具有一定切割特性的采样器，以恒速抽取定量体积的空气，使环境空气中 $PM_{2.5}$ 和 PM_{10} 被截留在已知质量的滤膜上，根据采样前后滤膜的质量差和采样体积，计算出 $PM_{2.5}$ 和 PM_{10} 浓度。

【实验试剂与仪器】

（1）切割器。

PM_{10} 切割器、采样系统：切割粒径 D_{50} =（10±0.5）μm，捕集效率的几何标准差为 σ_g =（1.5±0.1）μm。

$PM_{2.5}$ 切割器、采样系统：切割粒径 D_{50} =（2.5±0.2）μm，捕集效率的几何标准差为 σ_g =（1.2±0.1）μm。

（2）采样器孔口流量计或其他符合本标准技术指标要求的流量计。

大流量流量计：量程 0.8～1.4m³/min，误差≤2%。

中流量流量计：量程 60～125L/min，误差≤2%。

小流量流量计：量程<30L/min，误差≤2%。

（3）滤膜：根据样品采集目的可选用玻璃纤维滤膜、石英滤膜等无机滤膜或聚氯乙烯、聚丙烯、混合纤维素等有机滤膜。滤膜对 0.3μm 标准粒子的截留效率不低于 99%。空白滤膜进行平衡处理至恒重，称量后，放入干燥器中备用。

（4）分析天平：感量 0.1mg 或 0.01mg。

（5）恒温恒湿箱（室）：箱（室）内空气温度在 15～30℃范围内可调，控温精度±1℃。箱（室）内空气相对湿度应控制在 50%±5%。恒温恒湿箱（室）可连续工作。

（6）干燥器：内盛变色硅胶。

【实验方法与步骤】

1. 样品采集

（1）采样时，采样器入口距地面高度不得低于 1.5m。采样不宜在风速大于 8m/s 等天气条件下进行。采样点应避开污染源和障碍物。若测定交通枢纽处的 PM_{10} 和 $PM_{2.5}$，采样点应布置在距人行道边缘外侧 1m 处。

（2）采样时，将已称量的滤膜用镊子放入洁净采样夹内的滤网上，滤膜毛面应朝进气方向。将滤膜牢固压紧至不漏气。如测任何一次浓度，每次需更换滤膜；如测日平均浓度，样品可采集在一张滤膜上。采样结束后，用镊子取出。将有尘面两次对折，放入样品盒或纸袋，做好采样记录。

2. 样品保存

采样后滤膜样品如不能立即称量，应在 4℃条件下冷藏保存。

3. 样品分析

将滤膜放在恒温恒湿箱（室）中平衡 24h，平衡条件为：温度取 15～30℃中任何一点，相对湿度控制在 45%～55%范围内，记录平衡温度与湿度。在上述平衡条件下，用感量为 0.1mg 或 0.01mg 的分析天平称量滤膜，记录滤膜质量。同一滤膜在恒温恒湿箱（室）中相同条件下再平衡 1h 后称量。对于 PM_{10} 和 $PM_{2.5}$ 颗粒物样品滤膜，两次质量之差分别小于 0.4mg 和 0.04mg 为满足恒重要求。

4. 实验注意事项

需经常检查采样头是否漏气。滤膜正确安装时，当滤膜上颗粒物与四周白边之间的界线渐渐模糊，则表明应更换面板密封垫。

【实验数据记录与处理】

$PM_{2.5}$ 和 PM_{10} 浓度按下式计算：

$$\rho = \frac{W_2 - W_1}{V} \times 1000$$

式中：ρ 为 PM_{10} 或 $PM_{2.5}$ 浓度，mg/m^3；W_2 为采样后滤膜的质量，g；W_1 为空白滤膜的质量，g；V 为已换算成标准状态（101.325kPa，273.15K）下的采样体积，m^3。

【思考题】

1. 本实验对抽取空气的采样器有什么要求？
2. 为什么本实验要以恒速抽取定量的气体？

实验 4　大气环境中降尘的测定

【实验目的与意义】

1. 掌握空气中降尘的采样方法；

2. 掌握空气中降尘的测定方法和原理；

3. 熟悉蒸发、干燥的全过程。

【实验原理】

大气降尘是指在空气环境条件下，靠重力自然沉降在集尘缸中的颗粒物。本实验采用乙二醇水溶液作收集液的湿法采样，用重量法测定环境空气中的降尘。即空气中可沉降的颗粒物，沉降在装有乙二醇水溶液作收集液的集尘缸内，经蒸发、干燥、称量后，计算降尘量。方法的检测限为 $0.2t/(km^2 \cdot 30d)$。

【实验试剂与仪器】

1. 试剂

所用试剂除另有说明外，均为公认的分析纯试剂和蒸馏水或同等纯度的水；乙二醇（$C_2H_6O_2$）。

2. 仪器

集尘缸，内径（15±0.5）cm、高 30cm 的圆筒形玻璃缸，缸底要平整；100mL 瓷坩埚；电热板，2000W；搪瓷盘；分析天平，感量 0.1mg。

【实验方法与步骤】

1. 采样点的设置

在采样前，首先要选好采样点。选择采样点时，应先考虑集尘缸不易损坏的地方，还要考虑操作者易于更换集尘缸。普通的采样点一般设在矮建筑物的屋顶，或根据需要也可以设在电线杆上。采样点附近不应有高大建筑物，并避开局部污染源。

集尘缸放置高度应距离地面 5~12m。在某一地区，各采样点集尘缸的放置高度应尽力保持在大致相同的高度。如放置在屋顶平台上，采样口应距平台 1~1.5m，以避免平台扬尘的影响。集尘缸的支架应该稳定并很坚固，以防止被风吹倒或摇摆。

在清洁区设置对照点。

2. 样品的收集

1）放缸前的准备

集尘缸在放到采样点之前，加入乙二醇 60~80mL，以占满缸底为准，加水量视当地的气候情况而定。例如，冬季及夏季加 50mL，其他季节可加 100~200mL。加好后，罩上塑料袋，直到把缸放在采样点的固定架上再把塑料袋取下，开始收集样品。记录放缸地点、缸号、时间（年、月、日、时）。

注意：加乙二醇水溶液既可以防止冰冻，又可以保持缸底湿润，还能抑制微生物及藻类的生长。

2）样品的收集

按月定期更换集尘缸一次［（30±2）d］。取缸时应核对地点、缸号，并记录取缸时间（月、日、时），罩上塑料袋，带回实验室。取换缸的时间规定为月底 5d 内完成。在夏季多雨季节，应注意缸内积水情况，为防水满溢出，及时更换新缸，采集的样品合并后测定。

3. 分析步骤

1）瓷坩埚的准备

将 100mL 的瓷坩埚洗净、编号，在（105±5）℃下，烘箱内烘 3h，取出放入干燥器内，冷却 50min，在分析天平上称量，再烘 50min，冷却 50min，再称量，直至恒重（两次质量之差小于 0.4mg），此值为 W_0。然后将其在 600℃灼烧 2h，待炉内温度降至 300℃以下时取出，放入干燥器中，冷却 50min，称量。再在 600℃下灼烧 1h，冷却，称量，直至恒重，此值为 W_b。

2）降尘总量的测定

首先用尺子测量集尘缸的内径（按不同方向至少测定三处，取其算术平均值），然后用光洁的镊子将落入缸内的树叶、昆虫等异物取出，并用水将附着在上面的细小尘粒冲洗下来后扔掉，用淀帚把缸壁擦洗干净，将缸内溶液和尘粒全部转入 500mL 烧杯中，在电热板上蒸发，使体积浓缩到 10~20mL，冷却后用水冲洗杯壁，并用淀帚把杯壁上的尘粒擦洗干净，将溶液和尘粒全部转移到已恒重的 100mL 瓷坩埚中，放在搪瓷盘里，在电热板上小心蒸发至干（溶液少时注意不要迸溅），然后放入烘箱于（105±5）℃烘干，按上述方法称量至恒重。此值为 W_1。

注意：淀帚是在玻璃棒的一端，套上一小段乳胶管，然后用止血夹夹紧，放在（105±5）℃的烘箱中，烘 3h 后使乳胶管黏合在一起，剪掉不黏合的部分制得，用来扫除尘粒。

3）降尘总量中可燃物的测定

将上述已测降尘总量的瓷坩埚放入马弗炉中，在 600℃灼烧 3h，待炉内温度降至 300℃以下时取出，放入干燥器中，冷却 50min，称量。再在 600℃下灼烧 1h，冷却，称量，直至恒重，此值为 W_2。

将与采样操作等量的乙二醇水溶液，放入 500mL 的烧杯中，在电热板上蒸发浓缩至 10~20mL，然后将其转移至已恒重的瓷坩埚内，将瓷坩埚放在搪瓷盘中，再放在电热板上蒸发至干，于（105±5）℃烘干，称量至恒重，减去瓷坩埚的质量 W_0，即为 W_c。然后放入马弗炉中在 600℃灼烧，称量至恒重，减去瓷坩埚的质量 W_b，即为 W_d。测定 W_c、W_d 时所用乙二醇水溶液与加入集尘缸的乙二醇水溶液应是同一批溶液。

4. 注意事项

（1）大气降尘是指可沉降的颗粒物，故应除去树叶、枯枝、鸟粪、昆虫、花絮等干扰物。

（2）每一个样品所使用的烧杯、瓷坩埚等的编号必须一致，并与其相对应的集尘缸的缸号一并及时填入记录表中。

（3）瓷坩埚在烘箱、马弗炉及干燥器中，应分离放置，不可重叠。

（4）蒸发浓缩实验要在通风橱中进行，样品在瓷坩埚中浓缩时，不要用水洗涤坩埚，否则将在乙二醇与水的界面上发生剧烈沸腾使溶液溢出。当浓缩至 20mL 以内时应降低温度并不断摇动，使降尘黏附在瓷坩埚壁上，避免样品溅出。

（5）应尽量选择缸底比较平的集尘缸，可以减少乙二醇的用量。

【实验数据记录与处理】

降尘量为单位面积、单位时间内从大气中沉降的颗粒物的质量。其计量单位为每月每平方千米面积沉降的颗粒物的吨数，即 $t/(km^2 \cdot 30d)$。

（1）降尘总量按下式计算：

$$M = \frac{W_1 - W_0 - W_c}{S \times n} \times 30 \times 10^4$$

式中：M 为降尘总量，$t/(km^2 \cdot 30d)$；W_1 为降尘、瓷坩埚和乙二醇水溶液蒸发至干并在（105 ± 5）℃恒重后的质量，g；W_0 为在（105 ± 5）℃烘干的瓷坩埚质量，g；W_c 为与采样操作等量的乙二醇水溶液蒸发至干并在（105 ± 5）℃恒重后的质量，g；S 为集尘缸缸口面积，cm^2；n 为采样天数（准确到 0.1d）。

（2）降尘中可燃物按下式计算：

$$M' = \frac{(W_1 - W_0 - W_c) - (W_2 - W_b - W_d)}{S \times n} \times 30 \times 10^4$$

式中：M' 为可燃物量，$t/(km^2 \cdot 30d)$；W_b 为瓷坩埚于 600℃灼烧后的质量，g；W_2 为降尘、瓷坩埚及乙二醇水溶液蒸发残渣于 600℃灼烧后的质量，g；W_d 为与采样操作等量的乙二醇水溶液蒸发残渣于 600℃灼烧后的质量，g；S 为集尘缸缸口面积，cm^2；n 为采样天数（准确到 0.1d）。

【思考题】

1. 为什么选乙二醇为吸收液？
2. 放置集尘缸和样品收集时要注意什么问题？

实验 5　烟气污染源大气环境含尘浓度的监测

【实验目的与意义】

1. 掌握空气样品的采集规程；
2. 理解含尘浓度的测定原理及学会使用测尘仪器；
3. 掌握大气含尘浓度的计算。

【实验原理】

粉尘指悬浮于空气中的固体颗粒。烟道、烟囱、排气筒等属于有组织排放的固定污染源，它们排放的烟尘和粉尘是造成大气污染的主要污染物，为了监督和控制烟尘和粉尘的排放，必须定期进行监测。粉尘浓度是最基本的一个监测指标，它是指单位体积空气中所含粉尘的质量（mg/m^3）或数量（粒/m^3）。本实验采用质量浓度。

1. 采样位置的选择

正确地选择采样位置和确定采样点的数目对采集有代表性的并符合测定要求的样品是非常重要的。

这里采用同心圆布点法。首先，确定烟气污染源中心，以此为圆心画若干个同心圆，再从圆心作若干条放射线，将发射线与圆周的交点作为采样点。考虑到周围建筑物的影响，布点位置可根据实际情况做出相应的调整。

2. 烟气源大气环境含尘浓度的测定

固体吸附剂采样原理：固体吸附剂采样法是利用空气通过固体吸附剂时，由于固体吸附剂的吸附作用或阻留作用来达到浓缩空气中有害物质的一种采样方法。

粉尘浓度测定原理：采集一定体积含尘空气，将粉尘阻留在已知质量的纤维滤膜上，由采样前后滤膜的质量差和采气体积，计算空气中粉尘的浓度。

【实验试剂与仪器】

测尘滤膜（根据测尘仪选择合适尺寸的滤膜）、采样头、滤膜夹、储存盒、粉尘采样器及三角支架、小镊子（用于拿取滤膜）、万分之一感量分析天平。

【实验方法与步骤】

1. 实验前准备工作

（1）滤膜的准备。首先学习并掌握分析天平的使用，其次对各种尺寸的滤膜适用情况要进行了解，然后再用万分之一感量分析天平对滤膜进行称量，记录其质量并在储存盒上编号，再将滤膜固定在滤膜夹上（滤膜不应有折皱及缝隙，否则应重新安装放入储存盒中备用）。

（2）在测试之前应对流量计进行校准。

（3）准备好采样器和导管及其电源线。检查导管是否有漏气现象、电源线是否疏通。

（4）采样前要对所测试的工作区域的情况进行调查，对工作区的性质、工艺流程、生产设备、操作方法及其扩散规律有所了解。

（5）测尘点应在工人经常操作和停留的地方，采取工作人员呼吸带位置的粉尘。应在工作人员工作时进行采样，有风流影响时，采样位置应在产尘点的下风侧。

（6）采样时间的规定：为了减少天平称量的相对误差和考虑到不同尺寸滤膜所容纳粉尘量的限制，应根据空气含尘浓度的估计的大小确定采样时间的长短，空气中含尘浓度较高时，采样时间短，空气中含尘浓度较低时，采样时间长。

（7）采样流量：用螺旋夹迅速调整采样流量所需数值，数值大小视情况而定。

2. 实验操作

将已备好的滤膜夹放入采样头内，每台实验装置要同时采用两个平行样，两个样为一组，可以几台同测。

检查采样仪和采样头连接部分的严密性。

在已选好的位置测定，按定好的流量进行采样，采样过程中要经常调节流量使其保持稳定并记录采样持续时间。

采样结束后把样品装在储存盒内带回实验室，用万分之一感量分析天平称量（平面滤膜集的最大粉尘质量不大于 20mg），并记录下数据（膜不受此次限制，为了减少测量误差，要求滤膜增重不小于 1mg）。

【实验数据记录与处理】

$$含尘浓度 = \frac{采样后滤膜重 - 采样前滤膜重}{实际采样流量 \times 采样时间} \times 100$$

即

$$c = \frac{\omega_2 - \omega_1}{Q \times t} \times 100$$

式中：c 为粉尘浓度，mg/m^3；ω_1、ω_2 分别为采样前后滤膜的质量，mg；Q 为实际采样流量，L/mm；t 为采样时间，min。

注意：采样流量由流量计测出，目前常采用测尘仪的转子流量计是在 $t = 20℃$、$p = 101.325kPa$ 的状况下标定的。

当流量计采样气体的状态与标定的气体状态相差较大时，流量计的读数必须修正，修正后的读数才是测定状态下的实际量值。公式如下

$$Q = Q' \sqrt{\frac{101.325 \times (273.15 + t)}{(B + p) \times (273.15 + 20)}} \quad L/min$$

式中：Q 为实际采样流量，L/min；Q' 为流量计读数，L/min；B 为当地大气压力，kPa；p 为流量计前压力读数，kPa；t 为流量计前温度计读数，$℃$。

实际采样流量 Q（L/min）乘以采样时间（min）得到实际抽气量 V_t（L）。如果要与环保标准要求相对照，还需将 V_t 换算成标准状况下的空气体积，则

$$V_0 = V_t \frac{273.15}{273.15 + t} \cdot \frac{B + p}{101.325}$$

空气中的含尘浓度为

$$y = \frac{\omega_2 - \omega_1}{V_0} \times 10^3$$

将测定和计算结果填入表 5-4。

表 5-4　含尘浓度测定结果

名称符号	ω_1	ω_2	Q	t	c

注意：两个平行样品测出的含尘浓度偏差小于 2%为合格，为有效样，取其平均值作为采样点的含尘浓度。

【思考题】

1. 分析每组实验的误差。
2. 分析所测试工作区含尘浓度超标的原因，并提出合理化的整改措施。

实验 6　大气环境颗粒物中重金属元素监测

【实验目的与意义】

1. 了解大气颗粒物中重金属元素的种类、来源及危害；
2. 了解大气颗粒物中重金属元素的测定方法及仪器；
3. 熟悉原子吸收分光光度法测定大气颗粒物中重金属元素的方法和原理。

【实验原理】

悬浮颗粒物（SP）中痕量金属（如 Pb、Cd、Zn 等）是重要的大气污染物之一。这些颗粒物中的金属元素多来源于人为污染，主要存在于≤2.5μm 的细小颗粒物中。目前已证实颗粒物中至少有 10 种痕量金属具有生物毒性，以 Cd、As、Be、Se、Ni（羰基镍）等为代表的无机金属元素及其化合物，不但对人体有毒害，而且具有致癌作用。在一些城市中 Pb、Cd 已达有害水平。

用大流量采样器或中流量采样器将 SP 采集在滤料上，样品酸消解处理后，用原子吸收分光光度法作颗粒物各组分分析。空气颗粒物中的铬、锰、镉、镍、锌、铜及其化合物被采集在滤料上，经硫酸-氢氟酸法消解，然后用硝酸浸出，以离子态定量地转移到溶液中，于 357.9nm（Cr）、279.5nm（Mn）、228.8nm（Cd）、232.0nm（Ni）、213.9nm（Zn）、324.7nm（Cu）的各个特征谱线，用原子吸收分光光度法分别定量。

【实验试剂与仪器】

1. 试剂

实验用水均为去离子水或石英亚沸高纯蒸馏水。

（1）滤料：聚氯乙烯滤膜或 0.8μm 微孔滤膜。用聚氯乙烯滤膜测锰时，滤膜本底值低时可直接使用。否则需用 1mol/L 盐酸溶液浸泡过夜，洗净晾干后才可使用。

（2）硝酸 $\rho_{20}=1.42g/mL$，优级纯。

（3）盐酸 $\rho_{20}=1.19g/mL$，优级纯。

（4）氢氟酸约 400mL/L，优级纯。

（5）7mL/L 硫酸溶液：用优级纯硫酸配制。

（6）0.16mol/L 硝酸溶液。

（7）1mol/L 碘化钾溶液。

（8）50g/L 抗坏血酸溶液：称取 5.0g 抗坏血酸溶解于水并稀释至 100mL，临用配制。

（9）甲基异丁基酮。

（10）标准溶液：分别准确称取 0.5000g 铬、锰、镉、镍、锌、铜六种光谱纯或优级纯金属（99.99%），用 5mL（1+1）盐酸溶液、5.0mL 硝酸溶液溶解，移入 500mL 容量瓶中，用水稀释至刻度，混匀。此溶液 1.00mL 含相应元素 1.00mg。储于聚乙烯瓶中，冰箱内保存。临用时，精确吸取 10.00mL 于 100mL 容量瓶中，滴加 1.0mL 硝酸溶液，用水稀释至刻度。此混合标准溶液 1.00mL 含铬、锰、镉、镍、锌、铜各元素 100μg。

2. 仪器

（1）大流量采样器、中流量采样器。

（2）容量瓶 100mL、500mL，体积刻度需校正。

（3）微量注射器 10μL、20μL，体积刻度需校正。

（4）铂坩埚或裂解石墨坩埚 20～30mL。

（5）高温熔炉。

（6）铬、锰、镉、镍、锌、铜元素空心阴极灯。

（7）原子吸收分光光度计，附石墨炉装置。

【实验方法与步骤】

1. 总悬浮颗粒物采样

大流量采样法，以 $1.1\sim1.7m^3/min$ 的流量采样 24h；中流量采样法，滤膜过滤直径为 8cm 时，以 $50\sim150L/min$ 流量，采气 $20\sim40m^3$，记录采样时的温度和大气压力。

采样后，小心取下采样滤料，尘面向内对折，放于清洁纸袋中，再放入采样盒内，保存待用。

2. 分析测试条件

根据原子吸收分光光度计型号和性能，制定能分析铬、锰、镉、镍、锌、铜的最佳测试条件。

（1）火焰原子吸收法仪器测试条件列于表 5-5。

表 5-5　火焰原子吸收法仪器测试条件

元素	波长/nm	狭缝/nm	灯电流/mA	火焰类型	线性范围
Cr	357.9	0.7	20	富燃焰	$5\times10^{-6}\sim5\times10^{-7}$
Mn	279.5	0.2	6	贫燃焰	$5\times10^{-6}\sim5\times10^{-7}$
Cd	228.8	0.7	2	贫燃焰	$1\times10^{-6}\sim2\times10^{-7}$
Ni	232.0	0.2	12	中燃焰	$3\times10^{-6}\sim2\times10^{-7}$
Zi	213.9	0.7	15	贫燃焰	$5\times10^{-6}\sim5\times10^{-7}$
Cu	324.7	0.7	6	贫燃焰	$8\times10^{-6}\sim5\times10^{-7}$

（2）石墨炉原子吸收法仪器测试条件列于表 5-6。

表 5-6　石墨炉原子吸收法仪器测试条件

测试条件	元素（波长/nm）		
	Cr（357.9）	Cd（228.8）	Ni（232.0）
干燥温度与时间	150℃，15s	150℃，15s	150℃，15s
灰化温度与时间	1000℃，30s	350℃，30s	1100℃，30s
原子化温度与时间	2600℃，6s	1700℃，6s	2600℃，6s
烧净温度与时间	2700℃，5s	2000℃，5s	2700℃，5s
线性范围/(ng/mL)	1.0～50	0.1～2.0	20～400
背景（氘灯）	不扣背景值	扣背景值	不扣背景值

3. 绘制标准曲线和测定校正因子

在做样品测定的同时，绘制标准曲线或测定校正因子。

（1）绘制标准曲线，取 6 个 100mL 容量瓶，按表 5-7 加入 100μg/mL 铬、锰、镉、镍、锌、铜标准溶液，用 0.16mol/L 硝酸溶液稀释至刻度，制备各待测元素的标准系列。

表 5-7　六种金属元素混合标准系列

溶液	0	1	2	3	4	5
混合标准溶液 V/mL	0	0.50	1.00	2.00	3.00	5.00
铬（Cr）浓度/(μg/mL)	0	0.5	1	2	3	5
混合标准溶液 V/mL	0	0.50	1.00	2.00	3.00	5.00
锰（Mn）浓度/(μg/mL)	0	0.5	1	2	3	5
混合标准溶液 V/mL	0	0.20	0.40	0.60	0.80	1.00
镉（Cd）浓度/(μg/mL)	0	0.2	0.4	0.6	0.8	1
混合标准溶液 V/mL	0	0.50	1.00	2.00	3.00	5.00
镍（Ni）浓度/(μg/mL)	0	0.5	1	2	3	5
混合标准溶液 V/mL	0	0.20	0.50	1.00	2.00	3.00
锌（Zn）浓度/(μg/mL)	0	0.2	0.5	1	2	3
混合标准溶液 V/mL	0	0.50	2.00	4.00	6.00	8.00
铜（Cu）浓度/(μg/mL)	0	0.5	2	4	6	8

将原子吸收分光光度计调至最佳测试条件，测定标准系列各浓度点的吸光度（或峰高），每个浓度点做三次测定，得吸光度（或峰高）的平均值。以各元素浓度（μg/mL）为横坐标，吸光度（或峰高）平均值为纵坐标，绘制标准曲线，并计算回归线的斜率。以斜率导数作为样品测定的计算因子 B_s［μg/mL 或 μg/(mL·mm)］。

（2）测定校正因子，在测定范围内，可用单点校正法求校正因子。测定样品的同时分别取试剂空白溶液和与样品金属六种元素浓度相接近的标准溶液，按原子吸收分光光度计的最佳测试条件，做原子吸收法测定，重复做三次，测得吸光度和峰高平均值，由下式求校正因子。

$$f = \frac{c_s}{h_s - h_0}$$

式中：f 为校正因子，μg/mL 或 μg/(mL·mm)；c_s 为标准溶液浓度，μg/mL；h_s 为标准溶液平均吸光度和峰高，mm；h_0 为空白溶液平均吸光度和峰高，mm。

4. 样品测定

取适量样品滤料（如直径为 8～10cm 滤料，可取一半分析）置于铂坩埚和裂解石墨坩埚中，加入 2mL 7mol/L 硫酸溶液，使样品充分润湿，浸泡 1h。然后在电热板上加热，小心蒸干。将坩埚置于高温熔炉中（400±10）℃加热 4h，至有机物完全消尽。停止加热，待炉温降至 300℃以下时，取出坩埚，冷至室温，加 4～5 滴氢氟酸，摇动使其中残渣溶解。在电热板上小心加热至干，再加 7～8 滴硝酸，继续加热至干，用 0.16mol/L 硝酸溶液将样品定量转移至 10mL 容量瓶中，并稀释至刻度，摇匀，静置 1h。取上清液按标准曲线的绘制或测定校正因子的操作步骤，做原子吸收法测定。每个样品重复做三次，得吸光度和峰高的平均值。

在每批样品测定的同时，取相同面积未采样的滤料，按相同操作步骤做试剂空白测定。

【实验数据记录与处理】

（1）标准曲线法，分别计算六种元素浓度

$$c_i = \frac{10(h_i - h_{0i}) \times B_{si} \times S_1}{V_0 \times 1000 \times E_{si} \times S_2}$$

式中：c_i 为空气中铬、锰、镉、镍、锌、铜的浓度，mg/m^3；10 为制备样品溶液的体积，mL；h_i 为标准溶液平均吸光度和峰高，mm；h_{0i} 为空白溶液平均吸光度和峰高，mm。B_{si} 为用标准溶液绘制标准曲线得到的计算因子，$\mu g/mL$ 或 $\mu g/(mL \cdot mm)$；S_1 为样品滤料的总过滤面积，cm^2；S_2 为分析时所取的样品滤料的过滤面积，cm^2；E_{si} 为由实验确定在滤料上各种元素的平均洗脱效率；V_0 为换算成标准状况下的采样体积，m^3。

（2）单点校正法，分别计算六种元素浓度

$$c_i = \frac{10(h_i - h_{0i}) \times f_i \times S_1}{V_0 \times 1000 \times E_{si} \times S_2}$$

式中：f_i 为用单点校正法得到的校正因子，$\mu g/mL$ 或 $\mu g/(mL \cdot mm)$。

【思考题】

1. 本实验中分析误差的主要来源有哪些？
2. 如何使本实验受到的干扰最小？

第6章　大气环境无机气态污染物监测

实验 7　奥氏气体分析仪监测大气环境中 CO_2

【实验目的与意义】

1. 了解奥氏气体分析仪结构和分析原理；
2. 熟悉奥氏气体分析仪测定步骤和计算结果；
3. 熟悉各种吸收液组成和吸收原理。

【实验原理】

奥氏气体分析仪主要用来对含有酸性气体、不饱和烃、氧、一氧化碳、氢、饱和烃和氮等多组分气体混合物进行全分析。分析原理是利用不同的溶液来相继吸收气体试样中的不同组分，用氢氧化钠吸收试样中的二氧化碳（CO_2）；用焦性没食子酸钾溶液吸收试样中的氧气；用氨性氯化亚铜溶液来吸收试样中的一氧化碳。然后使氢在氧化铜上燃烧，使饱和烃在铂丝上与空气中的氧燃烧，剩余气体为氮气，最后完成全分析。因此，奥氏气体分析仪可以用来测定空气中污染物，如检测大气环境中的 CO_2 浓度。

本实验利用奥氏气体分析仪采用不同的气体吸收液对大气样品中的不同组分进行吸收，根据吸收前后烟气体积的变化，计算待测组分的含量。

1. 吸收原理

（1）CO_2：CO_2 是酸性气体，可被碱（氢氧化钠或氢氧化钾）溶液吸收。通过测量吸收前后气体体积的差值，可测定 CO_2 的含量。说明：如果气体样品中存在 NO_x 和 SO_2 也能被碱性吸收剂吸收，应预先消除，以免干扰 CO_2 的测定。用氢氧化钾（钠）溶液吸收样品中的 CO_2。

$$CO_2 + 2KOH =\!=\!= K_2CO_3 + H_2O$$
$$CO_2 + 2NaOH =\!=\!= Na_2CO_3 + H_2O$$

（2）O_2：采用焦性没食子酸（邻苯三酚 [$C_6H_3(OH)_3$]）的碱性溶液可吸收 O_2，生成六氧基联苯钾，据此测定样品中 O_2 含量。首先焦性没食子酸在碱性溶液中生成焦性没食子酸钾。

$$C_6H_3(OH)_3 + 3KOH =\!=\!= C_6H_3(OK)_3 + 3H_2O$$

焦性没食子酸钾与氧气发生反应，吸收氧气。其反应式如下

$$4C_6H_3(OK)_3 + O_2 \rightleftharpoons 2(OK)_3C_6H_2C_6H_2(OK)_3 + 2H_2O$$

（3）CO：用氨性氯化亚铜溶液来吸收样品中的 CO。

$$Cu_2Cl_2 + 2CO \rightleftharpoons Cu_2Cl_2 \cdot 2CO$$

$$Cu_2Cl_2 \cdot 2CO + 4NH_3 + 2H_2O \rightleftharpoons 2NH_4Cl + Cu_2(COONH_4)_2$$

（4）根据吸收前后样品体积的变化来计算各组分的含量。

奥氏气体分析仪具有仪器结构简单、测定范围广、能够同时连续测定多种污染物的含量、仪器价格便宜、维修方便等优点。

2. 奥氏气体分析仪存在的缺点

（1）完全手动操作，过程较烦琐，分析费时，精度低，速度慢，不能实现在线分析，适应不了生产发展的需要。

（2）梳形管容积对分析结果有影响，尤其是对爆炸法的影响比较大。

（3）进行动火分析测定时间长，场所存在一定局限性，还必须注意化学反应的完全程度，否则读数不准。

（4）焦性没食子酸的碱性液在 15~20℃时吸氧效能最好，吸收效果随温度下降而减弱，0℃时几乎完全丧失吸收能力，故吸收液液温不得低于 15℃。

【实验试剂与仪器】

1. 试剂

KOH，分析纯；$C_6H_3(OH)_3$，分析纯；NH_4Cl，分析纯；Cu_2Cl_2，分析纯；NaCl，分析纯；HCl，分析纯；H_2SO_4，分析纯；氨水，30%；石蜡，工业级；铜丝，99.9%；CO_2，99.9%；O_2，99.9%；CO，99.9%；N_2，99.9%；甲基橙，分析纯。

（1）CO_2 吸收液：50%（质量浓度）KOH 溶液 400mL。

（2）O_2 吸收液：称取 28.0g 焦性没食子酸，溶解于 50mL 温水中，冷却后，加入 50% 的氢氧化钾溶液 150mL。为了使溶液与空气隔绝，防止氧化，在缓冲瓶中加入少量液状石蜡。

（3）CO 吸收液：称取 250g 氯化铵，溶解于 750mL 水中，过滤到有铜丝或铜片的 1000mL 细口瓶中，再加 200g 氯化亚铜，将瓶口封严，放置数日至溶液褪色。使用时，量取此液 140mL，加浓氨水 60mL，混匀。

（4）NH_3 吸收液：10%（体积分数）H_2SO_4 溶液。

（5）封闭液：含 5%盐酸的氯化钠饱和溶液，每 200mL 加 1mL 甲基橙指示液。

（6）采集的气体样品。

2. 仪器

奥氏气体分析仪一套；采样袋 1 个。

奥氏气体分析仪结构如图 6-1 所示，每套包括下列零件：①气体吸收瓶 4 个；②气量管 1 套；③梳形封闭袋及传气袋 1 个；④250mL 水准瓶 1 个；⑤U 形干燥管 1 个；⑥弯形接管 3 个；⑦木箱及其他配件 1 套。

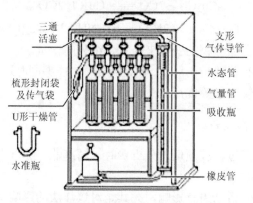

图 6-1 奥氏气体分析仪结构

【实验方法与步骤】

1. 仪器气密性检查

吸收瓶 I、II、III、IV 分别灌装 CO_2 吸收液、O_2 吸收液、CO 吸收液和 10% H_2SO_4 溶液。

1）吸收瓶气密性检查

逐次升、降水准瓶，使各吸收瓶中吸收液液面升到旋塞的标线处，关闭旋塞，升、降水准瓶，每次操作各停 2~3min，各吸收瓶中的吸收液液面不下降达到气密性良好，系统不漏气。

2）量气管气密性检查

将三通活塞连通大气，升、降水准瓶，使气量管液面位于 50mL 标线处，关闭三通活塞，升、降水准瓶，气量管液位不发生变化，停留 2~3min，气量管液面不下降达到气密性良好，系统不漏气。

2. 样品测定

1）取样

采集气样的储气袋（采样袋）采集气体样品约 400mL，备用。

将三通活塞连通大气，升高水准瓶，使气量管液面升至 100mL 标线处，然后将采集气样的储气袋（采样袋）接到进气管上，将三通活塞连通采样袋，使气样进入取样系统，降低水准瓶，使气量管液面降至零标线处，然后，将三通活塞再次连通大气，升高水准瓶，通过三通活塞排出系统气体，以上操作作为洗气一次。重复以上洗气操作 2~3 次，冲洗整个系统。最后一次将气样通过三通活塞送入气量管，使气量管液面和水准瓶液面对准气量管零刻度标线处，以保持气量管内外的压力平衡，迅速关闭三通活塞，取样完毕。如果气样温度高，要冷却 2~3min，再对准零刻度标线，然后再关闭三通活塞。记录样品体积 V_0（通常取 100mL）。

2）CO_2 的测定

打开 CO_2 吸收瓶 I 旋塞，升高水准瓶，使气样全部进入吸收瓶 I，进行吸收；再降低水准瓶，气样又回到气量管，这样操作为吸收一次。如此反复 4~5 次，待吸收完全后，降低水准瓶，使吸收瓶液面重新回到旋塞下标线处，关闭吸收瓶 I 旋塞，对准气量管与水准瓶液面，读数，记录体积 V_1。再打开吸收瓶 I 旋塞，使气量管中气样再次通过 CO_2 吸收液，重复吸收操作 2~3 次，再次读数，记录体积 V_1。如果两次读数相等，即表示吸收完全，记下气量管体积 V_1。

重新取样 2 次，重复上述分析和测定步骤，依次记录测量的体积读数。

3. 注意事项

（1）由于 O_2 的吸收液既能吸收 O_2 也能吸收 CO_2，因此必须先吸收 CO_2。

（2）在吸收过程中，要特别注意勿使吸收液和封闭液窜入梳形管中。

（3）各旋塞和三通活塞用时要涂少量凡士林，以保持润滑和严密。CO_2、O_2 等吸收液为强碱性溶液，不使用时，旋塞和管口要用纸条隔开。

（5）水准瓶的升降不宜太快，以防止量筒中的盐水冲出或防止吸收瓶中的吸收剂被抽出。

（6）测量读数时必须把水准瓶液位与量筒液位对齐，这样才能保持量筒内试液在大气压下，使测量准确。

（7）测量程序必须是吸收瓶 I、II、III、IV，不能任意颠倒。

（8）所有连接部位和旋塞、管路都必须严密，一旦发生漏气应立即堵漏，并重新开始实验。

（9）分析样品应与环境温度接近，最高不超过 40~50℃。

（10）奥氏气体分析仪置于通风橱内，务必保持通风良好，预防中毒。

【实验数据记录与处理】

将所得读数填写在表 6-1 中，并计算 CO_2 浓度 φ，计算式如下

$$\varphi = \frac{V_0 - V_1}{V_0} \times 100\%$$

表 6-1　数据记录表

编号	V_0/mL	V_1/mL	(V_0-V_1)/mL	φ /%
1				
2				
3				

【思考题】

1. 奥氏气体分析仪可以分析哪些气体组分？
2. 封闭液中为什么要加甲基橙指示液？
3. 10% H_2SO_4 溶液是用来做什么的？
4. 本实验有哪些可以改进的地方？

实验 8 大气环境中 CO 浓度监测

【实验目的与意义】

1. 了解大气环境中 CO 的来源；
2. 掌握非分散红外吸收法的基本原理；
3. 熟悉非分散红外 CO 分析仪的使用方法。

【实验原理】

一氧化碳（CO）是大气环境中普遍存在的气体污染物之一，它与人体健康关系密切，是空气质量的重要指标之一。CO 主要因化石燃料和植物等燃烧不充分而产生的，一些自然灾害如火山爆发、森林火灾等也是来源之一。在环境中，作为大气污染物之一的 CO 约 80%是由汽车排放的，尤其是大城市汽车频繁拥塞的地方，CO 浓度严重超标。

测定大气中 CO 的方法有非分散红外吸收法、气相色谱法、定电位电解法、汞置换法、间接冷原子吸收法等。非分散红外吸收法和定电位电解法操作方法简单，可连续自动检测；汞置换法具有灵敏度高、响应时间快、操作简便等特点，并且较适用于低浓度 CO 的测定。本实验主要采用国标法——非分散红外吸收法，测定范围为 $0 \sim 6.25 mg/m^3$，最低检出浓度 $0.3 mg/m^3$。

当 CO 气态分子受到红外线（$1 \sim 25 \mu m$）照射时，将吸收自己特征波长的红外线，从而引起分子振动能级和转动能级的跃迁，产生振-转吸收光谱（红外吸收光谱）。在一定浓度范围内，吸收值与 CO 浓度呈线性关系，符合朗伯-比尔定律，因此根据测定的吸光度即可确定样品中的 CO 浓度。

CO 对以 $4.5 \mu m$ 为中心波段的红外辐射选择性吸收，水蒸气、悬浮颗粒物的存在会干扰 CO 测定，测定时，样品需经变色硅胶、无水氯化钙过滤管去除水蒸气，经玻璃纤维滤膜去除过滤物。

【实验试剂与仪器】

1. 试剂

高纯氮气 99.99%，变色硅胶，无水氯化钙，霍加拉特管，一氧化碳标准气。

2. 仪器

聚乙烯塑料采气袋、铝箔采气袋或衬铝塑料采气袋，弹簧夹，双连球，非分散红外一氧化碳分析仪，记录仪 $0\sim10mV$。

【实验方法与步骤】

1. 采样

用双连球将现场空气抽入采气袋中，洗 $3\sim4$ 次，采气 500mL，夹紧进气口，记录采样地点、采样时间、采样袋编号和采样状态等。

2. 仪器启动与调整

仪器接通电源，稳定 $1\sim2h$，将高纯氮气连接在仪器进气口，进行零点校准。通过调节操作板上的零点调节电位器，令指示值为 0，重复此操作 $2\sim3$ 次。

3. 校准仪器

将 CO 标准气连接在仪器进气口，使仪表指针指示在满刻度的 95%，重复 $2\sim3$ 次。

4. 测定气样

将采气袋连接在仪器进气口，样品被自动抽到仪器中，由仪器指示出 CO 的浓度(ppm)。

5. 注意事项

（1）仪器启动后要预热 $1\sim2h$，待稳定后才能测定，以保证测定的准确度。

（2）干扰水蒸气在测定前，使空气样品通过硅胶管或分子筛干燥后再进入测定仪，可确保仪器的灵敏度。

（3）每次读数时需待仪器指示值稳定后才可读数。

【实验数据记录与处理】

CO 浓度计算公式如下

$$c = 1.25 \times n$$

式中：c 为大气中 CO 的浓度，mg/m^3；1.25 为 CO 浓度从 ppm 换算成标准状态下质量浓度的 mg/m^3 的换算系数；n 为仪器指示的 CO 浓度，ppm。

【思考题】

1. 为什么仪器启动后必须充分预热？
2. 如何尽量减少大气中其他物质的干扰？
3. 测量 CO 气体存在哪些危险性？

实验 9　大气环境中 SO_2 浓度监测

【实验目的与意义】

1. 掌握利用盐酸副玫瑰苯胺法测定大气环境中 SO_2 浓度；
2. 了解监测区域的环境空气质量；
3. 熟悉大气环境质量控制和保证的概念。

【实验原理】

　　大气环境中 SO_2 是最常见的污染物，是形成酸雨的主因之一，目前已发展成为全球面临的主要环境问题之一，与全球变暖和臭氧层破坏一样，受到人们的普遍关注。大气中可能形成的含硫化合物有 SO_2、SO_3、H_2S、$(CH_3)_2S$［二甲基硫（DMS）］、$(CH_3)_2S_2$［二甲基二硫（DMDS）］、羰基硫（COS）、CS_2、CH_3SH、硫酸盐和硫酸，其污染源多来自煤和矿物油的燃烧等，通常认为主要的酸基质是 SO_2。它们对人体健康、植被生态和能见度等都有非常重要的直接和间接影响。因此，对 SO_2 污染物的浓度监测是环境监测中一项重要的工作。在环境监测中，对 SO_2 的测定最具有代表性。

　　盐酸副玫瑰苯胺法是国际上普遍采用的标准方法，其灵敏度高，适用于瞬时采样，样品采集后较稳定。缺点是使用的四氯汞钾溶液毒性较大。该法有两种操作方法：方法一，测定中使用含磷酸量少的盐酸副玫瑰苯胺溶液，最后溶液的 pH 为 1.6 ± 0.1，其灵敏度较高，但试剂空白值高；方法二，测定中使用含磷酸量多的盐酸副玫瑰苯胺溶液，最后溶液的 pH 为 1.2 ± 0.1，其灵敏度较低，但试剂空白值低。方法一的溶液呈红紫色，最大吸收峰在 548nm 处；方法二的溶液呈蓝紫色，最大吸收峰在 575nm 处。目前我国多采用方法二。

　　二氧化硫被四氯汞钾溶液吸收形成稳定的络合物，再与甲醛及盐酸副玫瑰苯胺作用，生成玫瑰紫色化合物。在波长 548nm 处（方法一）或 575nm 处（方法二）测定，根据颜色深浅比色定量。反应式如下

$$[HgCl_4]^{2-} + SO_2 + H_2O \Longrightarrow [HgCl_2SO_3]^{2-} + 2Cl^- + 2H^+$$
$$\text{二氯亚硫酸汞络离子}$$

$$[HgCl_2SO_3]^{2-} + HCHO + 2H^+ \Longrightarrow HgCl_2 + HOCH_2SO_3H$$
$$\text{羟甲基磺酸}$$

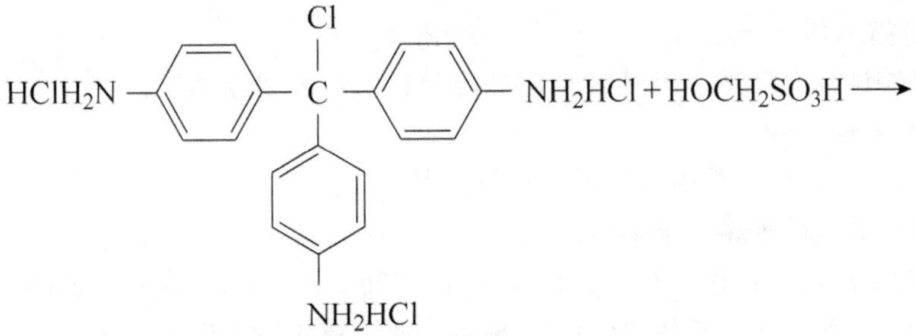

盐酸副玫瑰苯胺（副品红）

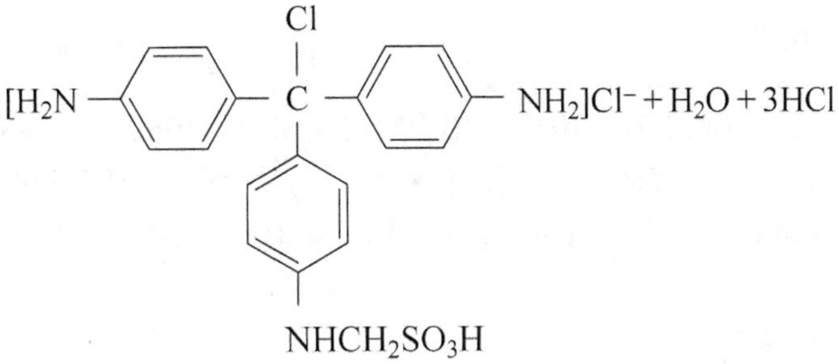

紫红色络合物

方法一采样体积为 30L 时，最低检出浓度为 $0.025\mu g/m^3$。

方法二采样体积为 10L 时，最低检出浓度为 $0.04mg/m^3$。

【实验试剂与仪器】

1. 试剂

Hg_2Cl_2，分析纯；KCl，分析纯；EDTA，分析纯；HCHO（甲醛），分析纯；氨基磺酸铵，分析纯；盐酸副玫瑰苯胺，分析纯；盐酸，分析纯；磷酸，分析纯；碘，分析纯；淀粉，分析纯；碘酸钾，分析纯；硫代硫酸钠，分析纯；亚硫酸钠，分析纯。

（1）0.04mol/L 四氯汞钾（TCM）吸收液：称取 $10.9g\ HgCl$、$6.0g\ KCl$ 和 $0.070g\ Na_2EDTA$ 溶解于水，转移至 1000mL 容量瓶，稀释至刻度，在密闭容器中储存，可稳定 6 个月，如发现有沉淀，不可再用。

（2）2.0g/L 甲醛溶液（新配制）。

（3）6.0g/L 氨基磺酸铵溶液（新配制）。

（4）2g/L 盐酸副玫瑰苯胺（PRA，即副品红）储备液：称取 0.20g 经提纯的副品红，溶解于 100mL 1.0mol/L 的盐酸溶液中。

（5）0.016%副品红使用液：吸取副品红储备液 20.00mL 于 250mL 容量瓶中，加 3mol/L 磷酸溶液 25mL。用水稀释至标线，至少放置 24h 才可使用。存于暗处，可稳定 9 个月。

（6）0.10mol/L 碘储备液。

（7）0.010mol/L 碘溶液。

（8）3g/L 淀粉指示剂。

（9）3.0g/L 碘酸钾标准溶液：用优级纯 KIO_4 于 110℃烘干 2h 后配制。

（10）1.2mol/L 盐酸溶液。

（11）0.1mol/L 硫代硫酸钠溶液：用碘量法标定其准确浓度。

（12）0.01mol/L 硫代硫酸钠标准溶液。

（13）亚硫酸钠标准溶液：称取 0.20g Na_2SO_3 及 0.20g Na_2EDTA，溶解于 200mL 新煮沸并已冷却的水中，轻轻摇匀，放置 2～3h 后标定。此溶液相当于每毫升含 320～400μg 的 SO_2。

2. 仪器

多孔玻板吸收管，10 个，用于短时间采样，10mL；或多孔玻板吸收瓶，10 个，用于 24h 采样，75～125mL；空气采样器，1 台，流量 0～1L/min；分光光度计，1 台；具塞比色管，10mL，10 个；容量瓶，25mL，10 个；移液管，若干。

【实验方法与步骤】

1. 采样

短时间采样：20min～1h，采用多孔玻板吸收管，内装 10mL（方法一）或 5mL（方法二）四氯汞钾吸收液，流量为 0.5L/min，采样体积依大气中 SO_2 浓度增减。本法可测 25～1000μg/m³ 范围的 SO_2。如采用方法二，一般避光采样 10～20L。

长时间采样：24h，采用 125mL 多孔玻板吸收瓶，内装 50mL 四氯汞钾吸收液，采样流量为 0.2～0.3L/min。

采样、运输和储存过程中应避免阳光直接照射样品溶液，当气温高于 30℃时，采样如不当天测定，可将样品溶液储于冰箱。

2. 标准曲线的绘制

配制 0.10%亚硫酸钠水溶液，用碘量法标定其浓度，用四氯汞钾溶液稀释，配成 2.0μg/mL 的 SO_2 标准溶液，用于绘制标准曲线。方法一、方法二的标准曲线浓度范围分别为：以 25mL 计为 1～20μg、以 7.5mL 计为 1.2～5.4μg，斜率分别为 0.030±0.002 及 0.077±0.005。试剂空白值：方法一不应大于 0.170 吸光度，方法二不应大于 0.050 吸光度。

3. 样品的测定

方法一：采样后将样品放置 20min。取 10.00mL 样品移入 25mL 容量瓶。加入 1.00mL 0.6%氨基磺酸铵溶液，放置 10min。再加 2.00mL 0.2%甲醛溶液及 5.00mL 0.016%副品红使用液，用水稀释至标线。于 20℃显色 30min，生成紫红色化合物，用 1cm 比色皿，在波长 548nm 处，以水为参比，测定吸光度。

方法二：采样后将样品放置 20min。取 5mL 样品移入 10mL 比色管，加入 0.50mL 0.6% 氨基磺酸铵溶液，放置 10min 后，再加 0.50mL 0.2%甲醛溶液及 1.50mL 0.016%副品红使用液，摇匀。于 20℃ 显色 20min，生成蓝紫色化合物，用 1cm 比色皿，于波长 575nm 处，以水为参比，测定吸光度。

在测定每批样品时，至少要加入一个已加浓度的 SO₂ 控制样，同时测定，以保证计算因子（标准曲线斜率的倒数）的可靠性。样品中如有浑浊物，应离心分离除去。

4. 注意事项

（1）温度对显色有影响，温度越高，空白值越大，温度高时发色快，褪色也快，最好使用恒温水浴控制显色温度。样品测定的温度和绘制标准曲线的温度之差不应超过±2℃。

（2）副品红试剂必须提纯后才可使用，否则其中所含杂质会引起试剂空白值升高，使方法灵敏度降低。0.2%副品红溶液现已有经提纯合格的产品出售，可直接购买使用。

（3）四氯汞钾溶液为剧毒试剂，使用时应小心。如溅到皮肤上，应立即用水冲洗。使用过的废液要集中回收处理，以免污染环境。含四氯汞钾废液的处理方法：在每升废液中加约 10g 磷酸钠至中性，再加 10g 锌粒，于黑布罩下搅拌 24h，将上层清液倒入玻璃缸内，滴加饱和硫化钠溶液，至不再产生沉淀为止。弃去溶液，将沉淀物转入适当的容器内储存汇总处理。此法可除去废水中 99%的汞。

（4）对本法有干扰的物质还有氮氧化物、臭氧、锰、铁、铅等。采样后放置 20min 使臭氧自行分解，加入氨基磺酸铵可消除氮氧化物的干扰，加入磷酸和乙二胺四乙酸二钠盐可以消除或减小某些重金属的干扰。

（5）采样时应注意检查采样系统的气密性、流量、温度，及时更换干燥剂，用皂膜流量计校准流量，做好采样记录。

（6）进行 24h 连续采样时，需将进气口倒置，以防雨雪进入。进气口稍远离采样管管口，以免吸入部分从监测亭排出的气体。若监测亭内的温度相比气温较高，则排出的气体包括从采样泵内排出的气体，使测定结果偏低。

【实验数据记录与处理】

1. 实验结果计算

气体中 SO₂ 浓度由下式计算：

$$\rho = \frac{(A - A_0)B_{\mathrm{N}}}{V_{\mathrm{N}}}$$

式中：ρ 为 SO₂ 浓度，$\mathrm{mg/m^3}$；A 为样品显色池吸光度；A_0 为试剂空白液吸光度；B_{N} 为计算因子，μg；V_{N} 为换算成标准状态下的采样体积，L。

2. 实验记录和结果

将测定结果填入表 6-2。

表 6-2　SO₂浓度测定记录表

气压＿＿＿＿MPa　　　　　　气温＿＿＿＿℃

测定次数	采样流量/(L/min)	采样时间/min	采样体积 V_N/L	样品吸光度	空白液吸光度	SO₂浓度/(mg/m³)
1						
2						
3						

注：中流量采样时间单位为 min，大流量采样时间单位则为 h。

【思考题】

1. 实验过程中存在哪些干扰？应如何消除？
2. 多孔玻板吸收管的作用是什么？

实验 10　大气环境中 NOₓ 浓度监测

【实验目的与意义】

1. 掌握利用盐酸萘乙二胺分光光度法测定大气环境中 NOₓ 浓度；
2. 了解监测区域的环境空气质量；
3. 熟悉大气环境质量控制和保证的概念。

【实验原理】

大气环境中 NOₓ 是最常见的污染物，是形成酸雨的主因之一，目前已发展成为全球面临的主要环境问题之一，与全球变暖和臭氧层破坏一样，受到人们的普遍关注。氮氧化物的种类很多，如亚硝酸、硝酸、一氧化二氮、一氧化氮、二氧化氮、三氧化氮、四氧化二氮、五氧化二氮等。其中二氧化氮（NO₂）和一氧化氮（NO）是大气中的主要污染物质。通常所指的氮氧化物即为一氧化氮和二氧化氮的混合物（NOₓ）。它们对人体健康、植被生态和能见度等都有非常重要的直接和间接影响。因此，对 NOₓ 污染物的浓度监测是环境监测中一项重要的工作。

测定大气环境中氮氧化物常用的化学分析法为盐酸萘乙二胺分光光度法，其采样与显色同时进行，操作简便，方法灵敏，目前被国内外普遍采用。

盐酸萘乙二胺分光光度法有两种采样方法：方法一吸收液用量少，适用于短时间采样，测定空气中氮氧化物的短时间浓度；方法二吸收液用量多，适用于 24h 连续采样，测定空气中氮氧化物的日平均浓度。在测定氮氧化物时，应先用三氧化铬将一氧化氮氧化成二氧化氮，然后测定二氧化氮的浓度。二氧化氮被吸收液吸收后，生成亚硝酸和硝酸。其中亚硝酸与对氨基苯磺酸发生重氮化反应，再与盐酸萘乙二胺偶合成玫瑰红色偶氮染料，根据颜色深浅，于波长 540nm 处用分光光度法比色测定。反应方程式如下

$$2NO_2 + H_2O \Longrightarrow HNO_2 + HNO_3$$

$$HO_3S-\!\!\!\!\!\bigcirc\!\!\!\!\!-NH_2 + HNO_2 + CH_3COOH \Longrightarrow$$

$$[HO_3S-\!\!\!\!\!\bigcirc\!\!\!\!\!-N^+\!=\!N]CH_3COO^- + 2H_2O$$

$$[HO_3S-\!\!\!\!\!\bigcirc\!\!\!\!\!-N^+\!=\!N]CH_3COO^- + \!\!\bigcirc\!\!\bigcirc\!\!-NHCH_2CH_2NH\cdot2HCl \Longrightarrow$$

$$HO_3S-\!\!\!\!\!\bigcirc\!\!\!\!\!-N\!=\!N-\!\!\bigcirc\!\!\bigcirc\!\!-NHCH_2CH_2NH\cdot2HCl + CH_3COOH$$

玫瑰红色

最低检出限：

方法一：短时间采样，采样体积为 6L 时，最低检出浓度为 $0.01\mu g/m^3$。

方法二：24h 采样，采样体积为 288L 时，50mL 吸收液，最低检出浓度为 $0.02mg/m^3$。

空气中二氧化硫浓度为氮氧化物浓度的 10 倍时，对氮氧化物的测定无干扰；30 倍时，使颜色有少许减退，在城市环境空气中，很少发生这种情况。臭氧浓度为氮氧化物浓度的 5 倍时，对氮氧化物的测定略有干扰，在采样后 3h，使试液呈现微红色，对测定影响较大。过氧乙酸硝酸酯（PAN）对氮氧化物的测定产生正干扰，但一般环境空气中 PAN 浓度较低，不会导致显著的误差。

【实验试剂与仪器】

1. 试剂

对氨基苯磺酸，分析纯；冰醋酸，分析纯；盐酸萘乙二胺，分析纯；三氧化铬，分析纯；盐酸，分析纯；亚硝酸钠，分析纯；海砂，20～40 目。

（1）吸收原液：称取 5.0g 对氨基苯磺酸，通过玻璃小漏斗直接加入 1000mL 容量瓶中，加入 50mL 冰醋酸和 900mL 水的混合溶液，盖塞振摇使其溶解，待对氨基苯磺酸完

全溶解后，加入 0.050g 盐醋萘乙二胺，溶解后，用水稀释至标线。此为吸收原液，储于棕色瓶中，在冰箱中可保存两个月。保存时，可用聚四氟乙烯生胶带密封瓶口，以防止空气与吸收液接触。

（2）采样用吸收液：按 4 份吸收原液和 1 份水的比例混合。

（3）三氧化铬-海砂（或河砂）混合物：筛取 20～40 目海砂（或河砂），用盐酸溶液（1：2）浸泡一夜，再用水洗至中性，烘干。把三氧化铬及海砂（或河砂）按质量比 1：20 混合。加少量水调匀，放在红外灯下或烘箱里于 105℃烘干，烘干过程中应搅拌几次。制备好的三氧化铬-海砂混合物是松散的，若粘在一起，说明三氧化铬比例太大，可适当增加一些砂子，重新制备。

称取约 8g 三氧化铬-海砂混合物装入双球玻璃管（氧化管）中，两端用少量脱脂棉塞好，并用乳胶管或用塑料管制的小帽将其密封，使用时氧化管与吸收管之间用一小段乳胶管连接，采集的气体尽可能少和乳胶管接触，以防氮氧化物被吸附。

（4）亚硝酸钠标准储备液：称取 0.1500g 粒状亚硝酸钠（$NaNO_2$，预先在干燥器内放置 24h 以上），溶解于水，移入 1000mL 容量瓶中，用水稀释至标线。此溶液每毫升含 100.0μg 亚硝酸根（NO_2^-），储于棕色瓶保存于冰箱中，可稳定 3 个月。

（5）亚硝酸钠标准溶液：临用前，吸取储备液 5.00mL 于 100mL 容量瓶中，用水稀释至标线。此溶液每毫升含 5.0μg 亚硝酸根。

所用试剂均用不饱和亚硝酸根的重蒸蒸馏水配制，所配的吸收液的吸光度不超过 0.005。

2. 仪器

多孔玻板吸收管，10 个，用于短时间采样，10mL；多孔玻板吸收瓶，10 个，用于 24h 采样，75mL；双球玻璃管，10 个；恒温自动连续空气采样器，1 台，流量范围 0～1L/min；分光光度计，1 台；具塞比色管，10 个，用于短时间采样，10mL；具塞比色管，10 个，用于 24h 采样，25mL；容量瓶，10 个，用于 24h 采样，50mL；移液管，若干。

【实验方法与步骤】

1. 采样（短时间采样）

将一个内装 5.00mL 吸收液的多孔玻板吸收管进气口与氧化管连接，并使氧化管稍微向下倾斜，以免当湿空气将氧化剂（CrO_3）弄湿时，污染后面的吸收液。以 0.2～0.3L/min 流量，避光采样至吸收液呈微红色为止，记下采样时间。密封好采样管，带回实验室，当日测定。采样时，若吸收液不变色，采样量应不少于 6L。

2. 测定

（1）标准曲线的绘制：分别取 7 个 10mL 或 25mL 具塞比色管，按表 6-3 配制短时间采样标准系列。

表 6-3　亚硝酸钠标准系列（短时间采样）

项目	管号						
	0	1	2	3	4	5	6
亚硝酸钠标准溶液/mL	0	0.10	0.20	0.30	0.40	0.50	0.60
吸收原液/mL	4.00	4.00	4.00	4.00	4.00	4.00	4.00
水/mL	1.00	0.90	0.80	0.70	0.60	0.50	0.40
亚硝酸根含量/μg	0	0.5	1.0	1.5	2.0	2.5	3.0

各管摇匀后，避开直射阳光，放置 15min，在波长 540nm 处，用 1cm 比色皿，以水为参比，在 540nm 波长处测定吸光度。扣除以水为参比的空白试样的吸光度干扰后，以吸光度对亚硝酸根含量（μg）绘制标准曲线。

（2）样品的测定：对短时间采样，采样后，放置 15min，将样品溶液移入 1cm 比色皿中，用绘制标准曲线的方法测定试剂空白液和样品溶液的吸光度。若样品溶液的吸光度超过标准曲线的测定上限，可用吸收液稀释后再测定吸光度，计算结果时应乘以稀释倍数。

3. 注意事项

（1）吸收液应避光，并避免长时间暴露于空气中，以防止光照使吸收液显色或吸收空气中的氮氧化物而使试剂空白值偏高。若不能及时测定，样品可置于 30℃ 的阴暗处存放 8h，于 20℃ 暗处存放 24h，于 0～4℃ 冷藏 3d。

（2）氧化管适于在相对湿度为 30%～70% 时使用，当空气中相对湿度大于 70% 时，应勤换氧化管；小于 30% 时，则在使用前用潮湿空气通过氧化管平衡 1h。在使用过程中，应注意氧化管是否吸湿引起板结或变绿。若板结，会使采样系统阻力增大，影响流量；若变绿则表示氧化管已失效。各氧化管的阻力差别不大于 1.33kPa（即 10mmHg）。

（3）亚硝酸钠（固体）应妥善保存，可分装成小瓶使用，试剂瓶及小瓶的瓶口要密封，防止空气及湿气侵入。氧化成硝酸钠或呈粉末状的试剂都不适于用直接法配制标准溶液。若无颗粒状亚硝酸钠试剂，可用高锰酸钾容量法标定出亚硝酸钠储备溶液的准确浓度后，再稀释成每毫升含 5.0μg 亚硝酸根的标准溶液。

（4）在 20℃ 时，以 5mL 样品计，其标准曲线的斜率 b 为 $(0.190\pm0.003)\times10^5g^{-1}$，要求截距的绝对值 $|a|\leq0.008$。如果斜率达不到要求，应检查亚硝酸钠试剂的质量及标准溶液的配制，重新配制标准溶液；如果截距达不到要求，应检查蒸馏水及试剂质量，重新配制吸收液，性能好的分光光度计的灵敏度高，斜率略高于 0.193。

在 20℃ 时，以 25mL 样品计，其回归方程式的斜率 b 为 $(0.038\pm0.002)\times10^6\mu g^{-1}$，截距的绝对值 $|a|\leq0.008$。当温度低于 20℃ 时，标准曲线的斜率会降低。例如，在 10℃ 时，以 5mL 计，其斜率约为 $0.175\times10^5g^{-1}$。

（5）吸收液若受三氧化铬污染，溶液呈黄棕色，该样品应报废。此外，空白样品、样品和绘制标准曲线的样品应使用同一批吸收液。

【实验数据记录与处理】

1. 实验结果计算

$$\rho_{NO_2} = \frac{k(A - A_0)B_x}{0.76V_N} \times \frac{V_b}{V_a}$$

或

$$\rho_{NO_2} = \frac{k[(A - A_0) - a]}{0.76V_N \times b} \times \frac{V_b}{V_a}$$

式中：ρ_{NO_2} 为空气中 NO_2 的含量，mg/m^3；A 为样品溶液吸光度；A_0 为试剂空白液吸光度；B_x 为校正因子（$1/b$）；0.76 为 NO_2（气）换为 NO_2^-（液）的系数；b 为回归方程式的斜率；V_b 为样品溶液总体积，mL；V_a 为测定时所取样品溶液体积，mL；V_N 为标准状态下的采样体积，L；k 为采样时溶液的体积与绘制标准曲线时溶液体积的比值，短时间采样为 1。

2. 实验记录和结果

将测定结果填入表 6-4。

表 6-4 NO_x 浓度测定记录表

气温_____℃　　　　气压_____MPa

测定次数	采样流量/(L/min)	采样时间/min	采样体积 V_N/L	样品吸光度	空白液吸光度	NO_x浓度/(mg/m³)
1						
2						
3						

【思考题】

1. 氧化管中石英砂的作用是什么？
2. 为什么氧化管变成绿色就失效了？
3. 氧化管为什么做成双球形？
4. 双球形氧化管有何优点？

实验 11 大气环境中 SO_2 和 NO_x 浓度联合监测

【实验目的与意义】

1. 了解离子色谱的分离和检测原理；

2. 理解离子色谱法测定大气中 SO_2 的原理；
3. 理解离子色谱法测定大气中 NO_x 的原理；
4. 掌握离子色谱检测的实验技术。

【实验原理】

SO_2 和 NO_x 是大气中常见污染物，也是气象、环境部门常规监测的项目。测定 SO_2 常用的方法是盐酸副玫瑰苯胺分光光度法，测定 NO_x 常用的方法是盐酸萘乙二胺分光光度法，步骤烦琐，分析周期长，两组分需分别采样测定，不利于及时出数据。随着科技的发展，在复杂试样分析中采用分离-测定相结合的方法发展迅猛。离子色谱法灵敏度高，分析速度快，能实现多种离子的同时分离，是一种有效的分离检测方法。

本实验采用一种简便可靠、可同时测定大气中 SO_2 和 NO_x 含量的离子色谱法。具体的方法原理为，串联两个采样瓶同时采样，以 2.2mmol/L Na_2CO_3 和 2.7mmol/L $NaHCO_3$ 的混合溶液为吸收液，第一个采样瓶中的吸收液内含质量体积比为 0.05%的乙二胺四乙酸二钠盐（EDTA）吸收大气中 SO_2 和 NO_2，其原理是大气中的 SO_2 被溶液吸收后，转变成 SO_3^{2-}，NO_2 吸收后转变为 NO_2^- 和 NO_3^-，其化学反应为 $2NO_2 + H_2O = HNO_2 + HNO_3$；第二个采样瓶中的吸收液内含有体积分数为 0.9%的过氧化氢，使空气中的 NO 氧化成硝酸盐被吸收，两采样瓶中吸收液分别进样测定，由第一采样瓶可测得 SO_2 的含量，由第一采样瓶得出的 NO_2^-、NO_3^- 加上第二采样瓶中 NO_3^- 结果，换算后即为空气中 NO_x 的含量。

若用 10mL 吸收液，采样体积为 30L 时，SO_2 的检出限为 0.004mg/m³，可测浓度范围为 0.03～26.7mg/m³；NO_2 的检出限为 $6.7×10^{-4}$mg/m³，可测浓度范围为 0.03～20mg/m³。方法简便快速、准确、选择性好，完全满足环境监测对大气中 SO_2 和 NO_x 的同时测定。

【实验试剂与仪器】

采样器，TH-110B 型大气采样器；多孔玻板吸收管，10mL；PIC-8 型离子色谱仪配色谱工作站，PIC-8 电导检测器；P3000 高压输液泵；色谱柱，YSA8 型 8141-3#；溶剂及试样过滤处理系统。

【实验方法与步骤】

1. 标准溶液和吸收液的配制

SO_2 标准溶液的配制：称取 0.02g 亚硫酸钠于洁净干燥的烧杯中，用 0.05% EDTA 溶液溶解，定容于 250mL 容量瓶中。该试液可保持一周 SO_3^{2-} 不被氧化。

硝酸钠标准溶液：该溶液每毫升含 NO_3^- 0.16mg。

亚硝酸钠标准溶液：每毫升含 NO_2^- 0.33mg。

淋洗储备液的配制：称取 5.09g 碳酸钠和 5.04g 碳酸氢钠溶于 200mL 新煮沸冷却的去离子水中作淋洗储备液，放入冰箱中低温保存，可保存 3 个月。

淋洗使用液的配制：使用时移取 9.00mL 淋洗储备液稀释至 1000mL 容量瓶中。使用时脱气。

第一个采样瓶中的吸收液：移取 0.90mL 淋洗储备液，用含质量体积比为 0.05% EDTA 溶液稀释至 100mL，采样时取 10mL 为吸收液进行采样。

第二个采样瓶中的吸收液：移取 0.90mL 淋洗储备液，加入 30%优级纯的 H_2O_2 2.5mL，用水稀释至 100mL，采样时取 10mL 为吸收液进行采样。

2. 样品的采集和测定

将多孔玻板吸收管置于大气采样器中，且内装 10mL 吸收液，保持 1.5m 的高度，以 0.5L/min 的速度采样，采样时间可视空气中相应污染物的浓度而定，测定时吸收液经 0.45μm 滤膜过滤上机测定，在给定的色谱条件下测定，第一个采样瓶中 NO_2^- 和 NO_3^- 的保留时间分别为 3.50min 和 6.66min，SO_3^{2-} 保留时间为 9.40min。

3. 离子色谱条件

柱温：室温；淋洗液：2.2mmol/L 的 Na_2CO_3 和 2.7mmol/L 的 $NaHCO_3$ 混合液；流速：1.5mL/min。

【实验数据记录与处理】

将测定结果填入表 6-5 和表 6-6。

表 6-5　离子色谱法与盐酸副玫瑰苯胺分光光度法对比

方法	SO_2 测定值/(mg/m³)				平均值	CV/%
离子色谱法						
标准方法						

表 6-6　离子色谱法测定 NO_x 的测试结果

项目	测定次数				
	1	2	3	4	5
第一个采样管中 NO_2/(mg/m³)					
第二个采样管中 NO_2/(mg/m³)					
每套采样器 NO_2 总量/(mg/m³)					
NO_2 总量平均值/(mg/m³)					
CV/%					

【思考题】

1. 本实验的离子色谱法与实验 9、实验 10 的方法相比较，优缺点有哪些？
2. 为什么不采用含过氧化氢的吸收液把大气中 SO_2 氧化为 SO_4^{2-} 后用离子色谱法测定大气中 SO_2？

实验 12　大气环境中 NH_3 浓度监测

【实验目的与意义】

1. 了解大气环境氨的来源和危害；
2. 了解氨的采样方法；
3. 掌握纳氏试剂比色法测定空气中氨污染物的原理和方法。

【实验原理】

氨是一种无色而具有强烈刺激性臭味的气体，对接触的组织有腐蚀和刺激作用。氨可以吸收组织中的水分，使组织蛋白变性，并使组织脂肪皂化，破坏细胞膜结构，减弱人体对疾病的抵抗力。长时间接触低浓度氨，轻者会引起喉咙痛、声音嘶哑，重者可发生喉头水肿、喉痉挛，甚至出现呼吸困难、肺水肿、昏迷和休克。浓度过高时除腐蚀作用外，还可通过三叉神经末梢的反射作用而引起心脏停止和呼吸停止。

氨是含氮有机物质腐败分解的最后产物，大气中氨主要以游离态和盐的形式存在，来源于自然界或人为的分解过程。环境空气中氨的浓度一般都较低，故常采用比色法。最常用的比色法有纳氏试剂比色法、次氯酸钠-水杨酸比色法和靛酚蓝比色法。其中纳氏试剂比色法操作简便，但选择性略差，呈色胶体不十分稳定，易受醛类和硫化物的干扰；次氯酸钠-水杨酸比色法较灵敏，选择件好，但操作较复杂；靛酚蓝比色法灵敏度高，呈色较为稳定，干扰少，但操作条件要求严格。本实验采用纳氏试剂比色法。

纳氏试剂比色法的原理为，用稀硫酸溶液吸收空气中的氨，在碱性条件下生成的铵离子与纳氏试剂反应生成黄棕色络合物，反应式如下

$$2K_2HgI_4 + 3KOH + NH_3 \Longleftrightarrow O \underset{Hg}{\overset{Hg}{<}} NH_2I + 7KI + 2H_2O$$

黄棕色

该络合物的吸光度与氨的含量成正比，在 420nm 波长处测量吸光度，根据吸光度计算空气中氨的含量。

由于样品中还有三价铁等金属离子、硫化物和醛类有机物，这些物质会干扰测定，故

需加入一定量的酒石酸钾钠溶液利用络合掩蔽消除干扰。若因干扰物产生异色（如硫化物），可加入适当的稀盐酸。若有机物质产生沉淀干扰测定，可用 0.1mol/L 盐酸溶液将调节 pH≤2 后煮沸清除。

本方法的检出限为 0.5μg/10mL 吸收液。当吸收液体积为 50mL，采气 10L 时，氨的检出限为 0.25mg/m³，测定下限为 1.0mg/m³，测定上限 20mg/m³。当吸收液体积为 10mL，采气 45L 时，氨的检出限为 0.01mg/m³，测定下限 0.04mg/m³，测定上限 0.88mg/m³。

【实验试剂与仪器】

1. 试剂

硫酸，分析纯；碘化钾，分析纯；氯化汞，分析纯；氢氧化钾，分析纯；酒石酸钾钠，分析纯；氯化铵，分析纯。

（1）吸收液：0.01mol/L 硫酸溶液。

（2）纳氏试剂：称取 5.0g 碘化钾，溶于 5.0mL 水，另取 2.5g 氯化汞（$HgCl_2$）溶于 10mL 热水。将氯化汞溶液缓慢加到碘化钾溶液中，不断搅拌，直到形成的红色沉淀（HgI_2）不溶为止。冷却后，加入氢氧化钾溶液（15.0g 氢氧化钾溶于 30mL 水），用水稀释至 100mL，再加入 0.5mL 氯化汞溶液，静置 1d，将上清液储于棕色细口瓶中，盖紧橡皮塞，存入冰箱，可使用 1 个月。

（3）酒石酸钾钠溶液：称取 50.0g 酒石酸钾钠（$KNaC_4H_4O_6·4H_2O$），溶解于水中，加热煮沸以去除氨，放冷，稀释至 100mL。

（4）氯化铵标准储备液：称取 0.7855g 氯化铵，溶解于水，移入 250mL 容量瓶中，用水稀释至标线，此溶液每毫升相当于含 1000μg 氨。

（5）氯化铵标准溶液：临用时，吸取氯化铵标准储备液 5.00mL 于 250mL 容量瓶中，用水稀释至标线，此溶液每毫升相当于含 20.0μg 氨。

2. 仪器

大型气泡吸收管，10 个，10mL；空气采样器，1 台，流量范围 0～1L/min；分光光度计，1 台；容量瓶，2 个，250mL；具塞比色管，20 个，10mL；吸管，若干，0.10～1.00mL。

【实验方法与步骤】

1. 采样

采用系统由采样管、吸收瓶、流量测量装置和抽气泵等组成。用一个内装 10mL 吸收液的大型气泡吸收管，以 1L/min 流量采样。采样体积为 20～30L。

2. 测定

（1）标准曲线的绘制：取 6 个 10mL 具塞比色管，按表 6-7 配制标准系列。

表 6-7　氯化铵标准系列

项目	管号					
	0	1	2	3	4	5
氯化铵标准溶液/mL	0	0.10	0.20	0.50	0.70	1.00
水/mL	10.00	9.90	9.80	9.50	9.30	9.00
氨含量/μg	0	2.0	4.0	10.0	14.0	20.0

在各管中加入酒石酸钾钠溶液 0.20mL，摇匀，再加纳氏试剂 0.20mL，放置 10min（室温低于 20℃时，放置 15～20min），用 1cm 比色皿，于波长 420nm 处，以水为参比，测定吸光度。扣除以水为参比的空白试样的吸光度干扰后，以吸光度对氨含量（μg）绘制标准曲线。

（2）样品的测定：采样后，将样品溶液移入 10mL 具塞比色管中，用少量吸收液洗涤吸收管，洗涤液并入比色管，用吸收液稀释至 10mL 标线，加入酒石酸钾钠溶液 0.20mL，摇匀，再加纳氏试剂 0.20mL，放置 10min（室温低于 20℃时，放置 15～20min），用 1cm 比色皿，于波长 420nm 处，以水为参比，测定吸光度。查阅标准曲线图，找出对应的氨含量。

3. 注意事项

（1）本法测定的是空气中氨气和颗粒物中铵盐的总量，不能分别测定两者的浓度。

（2）为降低试剂空白值，所有试剂均用无氨水配制。无氨水配制方法：在普通蒸馏水中，加少量高锰酸钾至呈浅紫红色，再加少量氢氧化钠至呈碱性，蒸馏，取中间蒸馏部分的水，加少量硫酸呈微酸性，再重新蒸馏一次即可。

（3）在氯化铵标准储备液中加 1～2 滴氯仿，可以抑制微生物的生长。

（4）若在吸收管上做好 10mL 标记，采样后用吸收液补充体积至 10mL，可代替具塞比色管直接在其中显色。

（5）硫化氢、三价铁等金属离子会干扰氨的测定。加入酒石酸钾钠，可以消除三价铁离子的干扰。

（6）采集好的样品，应尽快测定。若不能及时分析，置于 2～5℃下冷藏可储存 1 周。

【实验数据记录与处理】

1. 空气中氨含量

$$\rho_{NH_3} = \frac{m}{V_N}$$

式中：m 为样品溶液中的氨含量，μg；V_N 为标准状态下的采样体积，L；ρ_{NH_3} 为空气中氨的含量，mg/m³。

2. 实验结果

通过实验数据的处理，得到的结果记录于表 6-8。

表6-8　空气中氨浓度结果记录表

气压＿＿＿＿＿MPa　　　气温＿＿＿＿＿℃

采集量	吸光度	$m/\mu g$	V_N/L	$\rho_{NH_3}/(mg/m^3)$	备注

【思考题】

1. 纳氏试剂比色法测定空气中氨的关键步骤是什么？
2. 空气中氨取样方法需注意什么？
3. 本实验中采取了什么办法消除硫化氢、三价铁等金属离子对氨检测的干扰？
4. 配制无氨水时，加入少量的高锰酸钾的作用是什么？
5. 试讨论实验需改进的地方。

实验 13　大气环境中 HCN 浓度监测

【实验目的与意义】

1. 了解大气中 HCN 的理化特性、来源和危害；
2. 理解大气中 HCN 的各种浓度监测方法及原理；
3. 掌握异烟酸-吡唑啉酮分光光度法的测定程序。

【实验原理】

氰化氢（HCN）为无色极易挥发的液体，有苦杏仁气味，沸点为 26℃；22℃时蒸气压为 87.7kPa，蒸气相对密度 0.94（相对空气）。HCN 易溶于水、醇及醚。氰化物（氰酸盐）在高温条件或酸作用下可分解放出 HCN，金属氰化合物由于受阳光照射而分解，也可放出 HCN，并容易从水溶液中逸散到空气中。它在空气中以气体状态存在。

HCN 经呼吸道及消化道迅速吸收，进入机体后，与高铁型细胞色素氧化酶结合，变成氰化高铁型细胞色素氧化酶，失去传递氧的作用，引起组织缺氧而致中毒。人在 0.5～1h 内吸入 100～200mg/m³ HCN，即可引起死亡。

氰化物的测定方法有生成偶氮染料的比色法和氰离子选择电极法等。在比色法中所用的偶合显色剂有吡啶-联苯胺、吡啶-对苯二胺、吡啶-巴比妥酸、异烟酸-吡唑啉酮等。本实验采用异烟酸-吡唑啉酮分光光度法，方法原理为，用 NaOH 溶液吸收 HCN，在中性条件下，与氯胺 T 作用生成氯化氰（CNCl），氯化氰与异烟酸反应，经水解生成戊烯二醛，再与吡唑啉酮进行缩合反应，生成蓝色化合物，用分光光度法测定。反应方程式如下

在 HCN 的空气样品分析中，当采样体积为 30L 时，方法的检出限为 2×10^{-3}mg/m^3，定量测定的浓度范围为 0.005～0.17mg/m^3。

【实验试剂与仪器】

1. 试剂

（1）2%（质量浓度）氢氧化钠溶液。

（2）吸收液 c(NaOH) = 0.05mol/L。

（3）0.6%乙酸溶液：量取冰醋酸 3.0mL，加水稀释至 500mL。

（4）氯化钠标准溶液：将氯化钠置于瓷坩埚内，经 400～500℃灼烧至无爆裂声后，于干燥器内冷却，称取 1.169g 氯化钠于烧杯中，用水溶解，移入 1000mL 容量瓶中，并稀释至标线，混合均匀。该溶液浓度为 0.0200mol/L。

（5）硝酸银标准溶液：称取 3.4g 硝酸银，溶解于水，稀释至 1000mL，储于棕色细口瓶中。

（6）氰化钾储备液：称取 0.25g 氰化钾（注意：剧毒），溶解于水，稀释至 100mL 混合，避光储存于棕色细口瓶中，该溶液每毫升约相当于 1.0mg 氰化氢。

（7）氰化钾标准溶液（10.0μg KCN/mL）：准确吸取一定体积标定好的氰化钾储备液于 100mL 容量瓶中，加 2% NaOH 溶液 1.0mL，用水稀释至标线，储于冰箱可稳定 5 天。

（8）氰化钾标准使用液（1.00μg KCN/mL）：临用前，吸取 10.0μg/mL 氰化钾标准溶液 10.00mL 于 100mL 容量瓶中，加 2% NaOH 溶液 1.00mL，用水稀释至标线。

（9）磷酸盐缓冲溶液（pH 7）：称取 34.0g 磷酸二氢钾（KH_2PO_4）和 35.5g 无水磷酸氢二钠（Na_2HPO_4），溶解于水，移入 1000mL 容量瓶中，用水稀释至标线。

（10）铬酸钾指示剂：称取 10.0g 铬酸钾，溶解于少量水，滴加硝酸银标准溶液至产生少量浅砖红色沉淀为止，放置过夜，过滤，滤液用水稀释至 100mL，待用，若浑浊应过滤。

（11）1%酚酞指示剂：称取 0.10g 酚酞，溶于 95%乙醇 100mL，若浑浊应过滤。

（12）氯胺 T 溶液：取 0.50g 氯胺 T 溶解于水，稀释至 50mL，储于棕色细口瓶中，储于冰箱可使用 3 天。

（13）试银灵指示剂：称取 0.02g 试银灵（对二甲氨基亚苄基罗丹宁），溶于 100mL 丙酮中。储存于棕色细口瓶，于暗处可稳定 1 个月。

（14）异烟酸-吡唑啉酮溶液：异烟酸溶液，称取 3.0g 异烟酸，溶解于 2% NaOH 溶液 48.0mL，溶解后，加水稀释至 200mL。临用前，将异烟酸溶液和吡唑啉酮溶液按 5：1 体积比混合。

2. 仪器

多孔玻板吸收管或大型气泡吸收管，10mL；具塞比色管，25mL；棕色酸式滴定管，10mL 或 25mL；空气采样器流量范围 0～1L/min；分光光度计。

【实验方法与步骤】

1. 采样

将引气管、样品吸收管、流量计量装置、抽气泵按顺序连接，检查气密性。用装有 5mL 0.05mol/L NaOH 吸收液的多孔玻板吸收管，以 0.5L/min 流量，采样 1h。记录采样流量、时间、温度、气压等，密封吸收管进、出口，避光运回实验室。

2. 样品保存

如果样品采集后不能当天测定，应将试样密封后置于 2～5℃下保存，保存期不超过 48h。在采样、运输和储存过程中应避免日光照射。

3. 样品分析

1）标准曲线的绘制

取 6 个 25mL 具塞比色管，按表 6-9 绘制标准系列。

表 6-9　氰化钾标准系列

项目	管号					
	0	1	2	3	4	5
氰化钾标准使用液/mL						
0.10mol/L NaOH 吸收液/mL						
HCN 含量/μg						

每管各加 1 滴 0.1%酚酞指示剂，摇动下逐滴加入 0.6%乙酸溶液，至酚酞指示剂刚好褪色为止，加磷酸盐缓冲溶液 5.0mL，摇匀，再加氯胺 T 溶液 0.20mL，立即盖好瓶塞，轻轻摇动，放置 5min，加异烟酸-吡唑啉酮溶液 5.00mL，立即盖好瓶塞，摇匀，用水稀释至标线，摇匀，在 25～35℃放置 40min。于波长 638nm 处，用 3cm 比色皿，以水为参比，测定吸光度。以吸光度对 HCN 含量（μg）绘制标准曲线并计算其线性回归方程。

2）样品测定

采样后，将样品移入 25mL 具塞比色管中，用少量水洗涤吸收管两次，洗涤液合并于具塞比色管中，使总体积不超过 10mL。然后加 0.1%酚酞指示剂 1 滴，以下操作同标准曲线的绘制。

4. 注意事项

（1）HCN 是易挥发的有毒物质，在操作中，比色管都应盖严。

（2）绘制标准曲线和样品测定时的温度之差应不超过 3℃。

（3）含氰化钾的废液应加三价铁盐或漂白粉处理后排放，含氟化物的溶液避免与酸性溶液接触。

【实验数据记录与处理】

样品浓度按下式计算

$$c = \frac{W}{V_{nd}}$$

式中：c 为气体样品中 HCN 浓度，mg/m^3；W 为样品溶液中 HCN 含量，μg；V_{nd} 为换算成标准状态下的干采气体积，L。

【思考题】

1. 采用什么方法可降低试剂空白值？
2. 含氰化氢的废液该怎么处理？

实验 14　大气环境中氟化物浓度监测

【实验目的与意义】

1. 了解大气中氟化物的种类；
2. 理解氟化物测定方法的原理；
3. 掌握滤膜采样-离子选择性电极法的操作。

【实验原理】

气态的氟在空气中除大部分是氟化氢（HF）、少量的氟化硅（SiF_4）外，还可能以氟化碳（CF_4）的形式存在。含氟粉尘主要是冰晶石（Na_3AlF_6）、萤石（CaF_2）、氟化铝（AlF_3）和氟化钠（NaF）以及各种氟化磷灰石[$3Ca_3(PO_4)_2 \cdot Ca(Cl, F)_2$]等。氟化物污染主要来源于铝厂、磷肥厂和冰晶石厂，电解铝、用硫酸处理萤石以及制造氟化物和应用氢氟酸时均污染空气。

氟及其化合物的气体和粉尘属高毒类，主要由呼吸道吸入。空气中的氟化物浓度超过一定量时，会危及人群、牲畜以及农作物。氟化氢和氢氟酸的大面积灼伤可引起氟骨病。人在氟化氢 $400 \sim 430 mg/m^3$ 浓度下可引起急性中毒致死，$100 mg/m^3$ 能耐受 1 min。长期吸入低浓度的氟及其化合物的气体和粉尘，能够影响各组织和器官的正常生理功能。

大气中的氟化物可低至 10^{-9}（体积分数）浓度范围，也可高至 10^{-6}（体积分数）浓度范围。因此，这样宽的范围就需要几种不同的测定方法，并且要选择得当。利用氟离子选择性电极法测 F^-，具有快速、灵敏、适用范围宽、方法简便、准确、特异性好等优点。滤膜采样-离子选择性电极法已成为我国大气中氟化物检测的重要方法。

它的基本原理为，用磷酸氢二钾溶液浸泡滤膜采样，空气中的无机气态氟化物（HF、SiF_4等）可与磷酸氢二钾反应而被固定，尘态氟化物同时被阻留在采样膜上。样品滤膜用水或酸浸溶后，用氟离子选择电极法测定。滤膜法可测定空气中氟化物的每小时浓度和日平均浓度。

如需要分别测定气态氟、尘态氟时，第一层采样膜可采用 0.8μm 经柠檬酸溶液浸渍过的微孔滤膜先阻留尘态氟，第二、三层用磷酸氢二钾溶液浸渍过的玻璃纤维滤膜采集无机气态氟。样品膜用盐酸溶液浸溶后，测定酸溶性氟化物；用水浸溶后，测定的是水溶性氟化物。

空气中的总氟含量应包括水溶性氟、酸溶性氟和不溶于 0.25mol/L 盐酸溶液的氟化物，若需要测定总氟，可用水蒸气热解法处理样品。测定体系中共存 200ppm 以下的三价铁离子不影响测定，微量三价铝离子干扰氟化物的测定，可经蒸馏分离后再测定。

方法检出限为 0.8μg/40mL，当采样体积为 $10 m^3$ 时，最低检出浓度为 $8 \times 10^{-5} mg/m^3$。

【实验试剂与仪器】

1. 试剂

（1）去离子水，必要时可于每升水中加入 1g 氢氧化钠及 0.1g 氯化铝进行蒸馏，再通过离子交换树脂。

（2）超细玻璃纤维滤膜。

（3）混合纤维素酯微孔滤膜，孔径 0.8μm。

（4）盐酸溶液 $c_{(HCl)}$ = 0.25mol/L，用优级纯试剂配制。

（5）氢氧化钠 $c_{(NaOH)}$ = 1.0mol/L，用优级纯试剂配制。

（6）总离子强度缓冲液（TISAB）：称取 58.0g 氯化钠、10.0g 柠檬酸，量取冰醋酸 50mL，加约 500mL 水，溶解后，在酸度计上，用 5.0mol/L 氢氧化钠溶液调节 pH 5.2 后，加水稀释至 1000mL。

（7）氟化钠标准溶液：称取 0.2210g 氟化钠（优级纯，110℃烘干 2h），溶解于水，移入 100mL 容量瓶，稀释至标线。此溶液每毫升含 1000μg 氟，储于塑料瓶中。临用时，再用水稀释成含氟 10.0μg/mL 及 1.0μg/mL 的标准溶液。

（8）磷酸氢二钾浸渍液：称取 76.0g 磷酸氢二钾，溶解于水，稀释至 1000mL。

（9）磷酸氢二钾浸渍滤膜：将玻璃纤维滤膜按滤膜夹尺寸剪成直径 9.0cm 的圆片，放入磷酸氢二钾浸渍液中浸湿后，沥干（每次用少量浸渍液，浸渍 4～5 张滤膜后，即换新的），摊在一大张定性滤纸上（不含氟），于 50～60℃烘干，装入塑料盒（袋）中，密封好放入干燥器中备用。

（10）柠檬酸浸渍滤膜，将直径 9.0cm 的混合纤维素酯微孔滤膜用 20%柠檬酸溶液浸湿后，沥干，摊在一大张滤纸上，于 50～60℃烘干，装入塑料盒中，密封好放入干燥器中备用。

2. 仪器

聚乙烯塑料杯，50mL；氟离子电极，灵敏度为 10～6mol/L；217 型甘汞电极；小型超声波清洗器；磁力搅拌器，具聚乙烯或聚四氟乙烯包裹的搅拌子；离子活度计或精密酸度计，分度小于 2mV；颗粒物采样器，流量范围 50～150L/min；滤膜夹，有效直径 8cm 可装三层滤膜，每层间隔 2～3mm。

【实验方法与步骤】

1. 采样

1）采集气态氟、尘态氟混合样品

在滤膜夹中装入两张磷酸氢二钾浸渍滤膜，滤膜毛面向外，中间隔 2～3mm，以 100L/min 流量（气流线速约为 33cm/s），采气 60～100min。采样后，用镊子将样品膜取下，对折放入塑料盒或塑料袋中，密封好，带回实验室。

2）分别采集气态氟、尘态氟样品

在滤膜夹暴露于空气的一面装一张柠檬酸浸渍滤膜，下面再装两张磷酸氢二钾浸渍滤膜，各张之间应相隔 2～3mm。以 100L/min 流量，采气 60～100min。采样后，将两种不同浸渍滤膜分别装入塑料盒（袋），密封好，带回实验室。

2. 标准曲线的绘制

取 7 个 50mL 塑料杯，按表 6-10 配制标准系列。

表 6-10 氟化钠标准系列

项目	杯号						
	0	1	2	3	4	5	6
1.0μg/mL 标准溶液/mL	0	2.00	5.00	10.00	—	—	—
10.0μg/mL 标准溶液/mL	0	—	—	—	2.00	5.00	10.00
水/mL	17.50	15.00	12.50	7.50	15.50	12.50	7.50
氟含量/μg	0	2.0	5.0	10.0	20.0	50.0	100

各塑料杯加入 0.25mol/L 盐酸溶液 10.00mL、1.0mol/L 氢氧化钠溶液 2.50mL 及 TISAB 溶液 10.00mL，总体积为 40.00mL。将与离子活度计接通并按使用要求清洗好的氟离子电极及甘汞电极插入制备好标准系列溶液的塑料怀中，在磁力搅拌器上搅拌 10min，停止搅拌后，静置 1~2min，读数。应从低浓度到高浓度逐个测定标准系列各溶液的毫伏值。记录测定时的温度。

在绘图软件上，以对数坐标表示氟含量（μg），以等距坐标表示毫伏值，绘制标准曲线。应经常绘制标准曲线，至少应在测定样品的当日绘制一次标准曲线。

3. 样品测定

无论是气态氟、尘态氟混合样品，还是分别采集的样品，都将滤膜分张测定。将滤膜样品剪成 5mm×5mm 的小块，放入 50mL 塑料杯中，加 0.25mol/L 盐酸溶液 10.00mL、水 10.00mL，在超声波清洗器中提取 5min 后，加 1.0mol/L 氢氧化钠溶液 2.50mL、水 7.50mL、TISAB 溶液 10.00mL，总体积 40.00mL。

插入氟电极及甘汞电极，在磁力搅拌器上搅拌 10min 后，停止搅拌，静置 1~2min。读取毫伏值。从标准曲线上查得氟的含量。测定样品时温度与绘制标准曲线时温度之差，应不超过±2℃。

4. 空白值测定

取未采样的磷酸氢二钾浸渍滤膜及柠檬酸浸渍滤膜各 4~5 张，按样品测定方法测定其氟含量，取平均值为空白滤膜的氟含量。

5. 水溶性氟样品的测定

在绘制标准曲线、样品测定、空白值测定时，不加入盐酸溶液，也不用氢氧化钠溶液中和。在绘制标准曲线时，向各标准溶液中加水至 30.00mL，再加 TISAB 溶液 10.00mL 后，测定毫伏值；在样品测定、空白值测定时，用 30.00mL 水提取，再加 TISAB 溶液 10.00mL 后，测定毫伏值，溶液总体积均为 40.00mL。

6. 注意事项

（1）测定标准曲线与样品测定的磁力搅拌的时间应一致，且待测溶液静置，读数稳定后再读取毫伏数。

（2）每批乙酸纤维滤膜都应设置空白实验，且空白滤膜的氟含量应小于 1μg/张。

【实验数据记录与处理】

气态氟、尘态氟混合样品中总氟浓度的计算公式如下：

$$c_F = \frac{W_1 + W_2 - 2W_0}{V_n}$$

式中：c_F 为采集的混合样品中总氟浓度，mg/m^3；W_1 为上层磷酸氢二钾浸渍滤膜样品中的氟含量，mg；W_2 为下层磷酸氢二钾浸渍滤膜样品中的氟含量，mg；W_0 为空白磷酸氢二钾浸渍滤膜样品中的氟含量，mg；V_n 为标准状态下的采样体积，L。

分别采集气态氟、尘态氟的样品，后两层磷酸氢二钾浸渍滤膜气态氟化物浓度可按上式计算，第一层柠檬酸浸渍滤膜采集的尘态氟化物浓度，按下式进行计算：

$$c_F' = \frac{W_3 - 2W_0'}{V_n}$$

式中：c_F' 为酸溶性尘态氟化物氟浓度，mg/m^3；W_3 为柠檬酸浸渍滤膜样品中的氟含量，mg；W_0' 为空白柠檬酸浸渍滤膜平均氟含量，mg；V_n 为标准状态下的采样体积，L。

【思考题】

1. 思考实验的精密度和准确度如何考察。
2. 本方法为什么只适用于空气中微量氟的测定？

实验 15　大气环境中 O_3 浓度监测

【实验目的与意义】

1. 了解大气中 O_3 的具体来源和危害；
2. 理解大气环境中 O_3 的具体监测方法；
3. 掌握环境臭氧分析仪的使用方法。

【实验原理】

臭氧（O_3）为无色气体，有特殊臭味。臭氧具有强烈的刺激性，$2\sim4mg/m^3$ 浓度的臭氧可刺激黏膜和损害中枢神经系统，引起支气管炎和头痛。臭氧超过一定浓度，除对人体有一定的毒害，对某些植物生长也有一定的危害。臭氧还可以使橡胶制品变脆和产生裂纹。同时，众所周知，臭氧是已知最强的氧化剂之一，在紫外线的作用下，臭氧参与烃类和氮氧化物的光化学反应，形成具有强烈刺激作用的有机化合物——光化学烟雾，带来了更严重的大气环境污染。

臭氧除本身正常大气中就存在极微量，电击时也可生成一些臭氧。在生产中，高压器放电过程，强大的紫外灯、炭精棒电弧、电火花、光谱分析发光、高频无声放电、焊接切割等过程也会生成一定的臭氧。

臭氧的测定方法有很多，如靛蓝二磺酸钾分光光度法、紫外分光光度法、硼酸碘化钾分光光度法等。本实验采用的是紫外分光光度法。它的方法原理为，当样品空气以恒定的流速通过除湿器和颗粒物过滤器进入仪器的气路系统分成两路，一路为样品空气，一路通过选择性臭氧洗涤器成为零空气，样品空气和零空气在电磁阀的控制下交替进入样品吸收池（或分别进入样品吸收池和参比池），臭氧对 253.7nm 波长的紫外光有特征吸收。设零空气通过吸收池时检测的光强度为 I_0，样品空气通过吸收池时检测的光强度为 I，则 I/I_0 为透光率。仪器的微处理系统根据朗伯-比尔定律公式，由透光率计算臭氧浓度。

$$\ln(I/I_0) = -a\rho d$$

式中：I/I_0 为样品的透光率，即样品空气和零空气的光强度之比；ρ 为采样温度压力条件下臭氧的质量浓度，$\mu g/m^3$；d 为吸收池的光程，m；a 为臭氧在 253.7nm 处的吸收系数，$1.44 \times 10^{-5} m^2/\mu g$。

【实验试剂与仪器】

实验装置见图 6-2。

1. 零空气

符合分析校准程序要求的零空气，可以由零空气发生装置产生，也可由零空气钢瓶提供。如使用合成空气，其中氧的含量应为合成空气的 20.9%±2%。

2. 采样管线

采样管线需采用玻璃、聚四氟乙烯等不与臭氧起化学反应的惰性材料。

3. 颗粒物过滤器

过滤器由滤膜及其支架组成，其材质应选用聚四氟乙烯等不与臭氧起化学反应的惰性材料。

4. 环境臭氧分析仪

环境臭氧分析仪主要由以下几部分组成。典型的紫外光度臭氧测量系统组成见图 6-2。

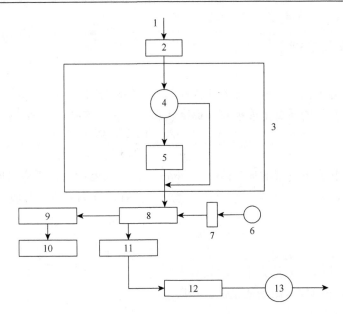

图 6-2　典型的紫外光度臭氧测量系统示意图

1. 空气输入；2. 颗粒物过滤器和除湿器；3. 环境臭氧分析仪；4. 旁路阀；
5. 涤气器；6. 紫外光源灯；7. 光学镜片；8. 紫外吸收池；9. 紫外检测器；
10. 信号处理器；11. 空气流量计；12. 流量控制器；13. 采样泵

（1）紫外吸收池。紫外吸收池应由不与臭氧起化学反应的惰性材料制成，并具有良好的机械稳定性，以致光学校准不受环境温度变化的影响。吸收池温度控制精度±0.5℃，吸收池中样品空气压力控制精度为±0.2kPa。

（2）紫外光源灯。例如低压汞灯，其发射的紫外单色光集中在 253.7nm，而 185nm 的光（照射氧产生臭氧）通过石英窗屏蔽去除。光源灯发出的紫外辐射应足够稳定，能够满足分析要求。

（3）紫外检测器。能定量接收波长 253.7nm 处辐射的 99.5%。其电子组件和传感器的响应稳定，能满足分析要求。

（4）带旁路阀的涤气器。其活性组分能在环境空气样品流中选择性地去除臭氧。

（5）采样泵。采样泵安装在气路的末端（图 6-2），抽取空气流过臭氧分析仪，能保持流量在 1～2L/min。

（6）流量控制器。紧接在采样泵的前面，可适当调节流过臭氧分析仪的空气流量。

（7）空气流量计。安装在紫外吸收池的后面，流量范围为 1～2L/min。

（8）温度指示器。能测量紫外吸收池中样品空气的温度，准确度为±0.5℃。

（9）压力指示器。能测量紫外吸收池内样品空气的压力，准确度为±0.2kPa。

【实验方法与步骤】

接通电源，打开臭氧分析仪的主电源开关，预热 1h；待仪器稳定后，正确设置各种参数，包括紫外光源灯的灵敏度、采样流速；激活电子温度和压力补偿功能等；向仪器导入零空气和样气，检查零点和跨度，用合适的记录装置记录臭氧浓度。

【实验数据记录与处理】

大多数臭氧分析仪能够测量吸收池内样品空气的温度和压力，并根据测得的数据，自动将采样状态下臭氧的质量浓度换算成标准状态下的质量浓度。否则，按下式计算：

$$\rho_0 = \rho \times \frac{101.325}{p} \times \frac{t+273.15}{273.15}$$

式中：ρ_0 为标准状态下臭氧的质量浓度，mg/m^3；ρ 为仪器读数，采样温度、压力条件下臭氧的质量浓度，mg/m^3；p 为光度计吸收池压力，kPa；t 为光度计吸收池温度，℃。

【思考题】

1. 什么是零空气？为什么本实验要有零空气？
2. 本实验操作中如何做到质量保证和质量控制？

实验 16　大气环境中 H_2S 浓度监测

【实验目的与意义】

1. 了解大气中 H_2S 的来源；
2. 掌握大气中 H_2S 的具体监测方法。

【实验原理】

硫化氢（H_2S）为无色气体，有腐蛋的恶臭味。在自然界动植物中氨基酸腐烂时产生 H_2S，某些热泉水及火山气体中含有低浓度的 H_2S，在很多天然气中含有较高浓度的 H_2S。在工业上，炼焦炉和合成纤维以及石油化工和煤气生产等常排出混有 H_2S 的废气污染大气。H_2S 在大气中很不稳定，逐渐氧化成单体硫、硫的氧化物和硫酸盐。水蒸气和日光会增强这种氧化作用。H_2S 是神经毒物，对呼吸道和眼黏膜也有刺激作用。

H_2S 化学测定方法很多，有硫化银比色法、乙酸铅试纸法、检气管法和亚甲基蓝比色法等。其中以亚甲基蓝比色法应用最普遍，且方法灵敏，适用于大气测定。由于 H_2S 极不稳定，在采样和放置过程中易被氧化和受日光照射而分解，所以以吸收液成分选择应要考虑 H_2S 样品的稳定性问题。

本实验采用聚乙烯醇磷酸铵吸收——亚甲基蓝比色法，它的方法原理为，空气中硫化氢被氢氧化镉-聚乙烯醇磷酸铵溶液吸收，生成硫化镉胶状沉淀。聚乙烯醇磷酸铵能保护硫化镉胶体，使其隔绝空气和日光，以减少硫化物的氧化和光分解的作用。在硫酸溶液中，硫离子与对氨基二甲基苯胺溶液和三氯化铁溶液作用，生成亚甲基蓝，根据颜色深浅，用分光光度法测定，反应式如下

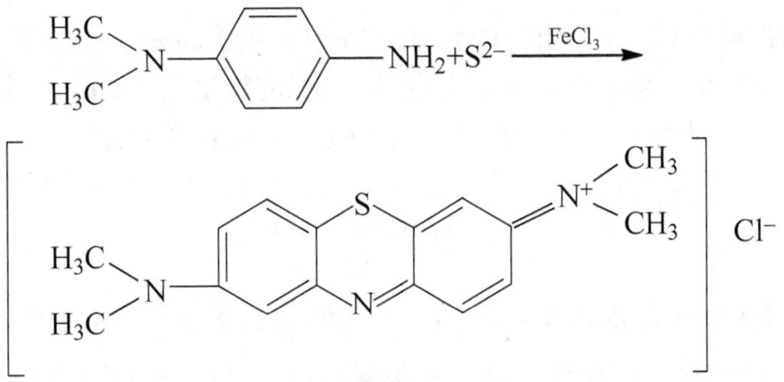

（亚甲基蓝）

方法检出限为 $0.07\mu g/10mL$（按与吸光度 0.01 相对应的 H_2S 浓度计），当采样体积为 60L 时，最低检出浓度为 $0.001mg/m^3$。

【实验试剂与仪器】

1. 试剂

（1）吸收液：取 4.3g 硫酸镉、0.30g 氢氧化钠和 10.0g 聚乙烯醇磷酸铵，分别溶解于少量水后，将三种溶液混合在一起，强烈振摇，混合均匀，用水稀释至 1000mL。此溶液为乳白色悬浮液。在冰箱中可保存一周。

（2）三氯化铁溶液：取 50g 三氯化铁溶解于水中，稀释至 50mL。

（3）磷酸氢二铵溶液：取 20g 磷酸氢二铵溶解于水中，稀释至 50mL。

（4）硫代硫酸钠标准溶液：$c(Na_2S_2O_3) = 0.0100mol/L$。

（5）碘溶液：$c(1/2I_2) = 0.010mol/L$。

（6）淀粉溶液：取 0.5g 可溶性淀粉，用少量水调成糊状物，搅拌下倒入 100mL 沸水中，煮沸直至溶液澄清，冷却后储于细口瓶中。

（7）乙酸锌溶液：取 0.20g 乙酸锌溶解于 200mL 水中。

（8）盐酸溶液：（1 + 1）。

（9）对氨基二甲基苯胺溶液：

①储备液。量取浓硫酸 25.0mL，边搅拌边倒入 15.0mL 水中，待冷。称取 6.0g 对氨基二甲基苯胺盐酸盐，溶解于上述硫酸溶液中，在冰箱中可以长期保存。

②使用液。吸取 2.5mL 储备液，用（1 + 1）硫酸溶液稀释至 100mL。

③混合显色剂。临用时，按 1.00mL 对氨基二甲基苯胺使用液和 1 滴（0.04mL）三氯化铁溶液的比例混合。若溶液呈现浑浊，应弃之，重新配制。

（10）硫化氢标准溶液：

①从第一个瓶通入高纯氮气，吹气 5min 后，将 0.25g 硫化钠（$Na_2S \cdot 9H_2O$ 晶体）投入第一个瓶中，迅速盖塞，逐个鼓泡通氮气约 5min，待第三个瓶的溶液呈微浑浊（生成硫化锌胶体溶液），停止通气，该溶液经中速定量滤纸过滤后标定。此硫化锌胶体溶液储于冷暗处可稳定 3～7 天。

②标定。吸取 0.010mol/L 碘溶液于 20.00mL 碘量瓶中，加水 90mL、（1 + 1）盐酸溶

液 1.0mL 和制得的硫化锌胶体溶液 10.00mL，摇匀，置于暗处 3min。用 0.100mol/L 硫代硫酸钠标准溶液滴定至呈淡黄色，加新配制的 0.5%淀粉溶液 2.0mL，继续滴定至蓝色刚消失，1min 内不变蓝为终点。记录所消耗硫代硫酸钠标准溶液的体积（V_1）。

另取水 10mL，同法做空白滴定，记录消耗硫代硫酸钠标准溶液的体积（V_0）。

$$c_{H_2S} = \frac{17.0 \times (V_0 - V_1)c'}{10.00}$$

式中：c_{H_2S} 为硫化氢标准溶液浓度，mol/L；c' 为硫代硫酸钠标准溶液浓度，mol/L；V_0、V_1 分别为滴定空白溶液、硫化锌胶体溶液消耗的硫代硫酸钠标准溶液体积，mL；10.00 为滴定时所取硫化锌胶体溶液体积，mL；17.0 为相当于 1L 1mol/L 硫代硫酸钠标准溶液（$Na_2S_2O_3$）的硫化氢（$1/2\ H_2S$）的质量，g。

临用时，取一定量上述溶液，用新煮沸并已冷却的水配制成每毫升 5.00μg 硫化氢的标准溶液。

2. 仪器

大型气泡吸收管，10mL；具塞比色管，10mL；空气采样器，流量范围 0～1L/min；分光光度计。

【实验方法与步骤】

1. 采样

吸取摇匀后的吸收液 10mL 于大型气泡吸收管中，以 1.0L/min 的流量，避光采样 30～60min，8h 内测定，采样后在现场加显色剂，携带回实验室进行测定。

2. 标准曲线的绘制

取 7 个 10mL 具塞比色管，按表 6-11 制作标准系列。

表 6-11　硫化氢标准系列

项目	管号						
	0	1	2	3	4	5	6
吸收液/mL	10.00	9.90	9.80	9.60	9.40	9.20	9.00
标准溶液/mL	0	0.10	0.20	0.40	0.60	0.80	1.00
硫化氢含量/μg	0	0.5	1.0	2.0	3.0	4.0	5.0

向各管加入混合显示剂 1.00mL，立即加盖，倒转缓慢摇匀，放置 30min。加 1 滴磷酸氢二铵溶液，以排除三价铁离子的颜色，混匀。在波长 665nm 处，用 2cm 比色皿，以水为参比，测定吸光度。以吸光度对硫化氢含量（μg）绘制标准曲线。

3. 样品测定

采样后，加入吸收液使样品溶液体积为 10.0mL，以下步骤同标准曲线的绘制。

4. 注意事项

（1）显色过程中，显色剂加入后，应迅速加盖轻轻倒转混合均匀，避免强烈振荡。

（2）硫化物易被氧化，在日光照射下会加速氧化，故应在采样、样品运输及保存过程中避免日光直射。采样后，现场显色，加显色剂时动作要迅速，防止在酸性条件下，硫化氢溢出导致测量误差。

（3）测定样品与绘制标准曲线时的温度不应相差过大，小于±2℃。

【实验数据记录与处理】

气体样品中 H_2S 浓度按下式计算：

$$c_{H_2S} = \frac{W}{V_n}$$

式中：c_{H_2S} 为气体样品中 H_2S 浓度，mg/m^3；W 为样品溶液中 H_2S 的含量，mg；V_n 为标准状态下的采样体积，L。

【思考题】

1. 为什么硫化氢在采样、运输过程中要避光？
2. 为什么硫化钠溶液不稳定，浓度衰减较快？

实验 17　大气环境中 HCl 浓度监测

【实验目的与意义】

1. 了解大气中 HCl 气体的来源；
2. 理解大气中 HCl 气体的基本检测方法的原理；
3. 掌握离子色谱法监测大气环境中 HCl 浓度的方法。

【实验原理】

氯化氢（HCl）为无色气体，有刺激性气味，易溶于水，也易溶于乙醇和乙醚等有机溶剂。其强烈的刺激性可对人和植物产生危害。HCl 是烃氯化过程以及用氯代烃合成不饱和化合物的脱卤化氢过程的副产品。含氯煤炭、燃料油、聚氯乙烯的燃烧及废料处理都会将 HCl 排放到大气中。

HCl 的测定方法有硝酸银容量法、硫氰酸汞分光光度法和离子色谱法等。硫氰酸汞分光光度法测定灵敏、简单，但选择性差。本实验采用离子色谱法，该法准确、灵敏、选择性好，能同时测定多种阴离子，适用于测定微量氯离子。

离子色谱法测定大气环境中 HCl 的方法原理为，用碱性吸收液吸收 HCl 气体生成氯化物，将样品溶液注入离子色谱仪，分离出氯离子，根据保留时间定性，响应值定量。

对于环境空气，本方法检出限为 0.2μg/10mL，当采样体积为 60L 时，检出限为 0.003mg/m³，测定下限为 0.012mg/m³。

【 实验试剂与仪器 】

1. 试剂

（1）吸收液：氢氧化钾-碳酸钠溶液，$c(KOH) = 0.089mol/L$，$c(Na_2CO_3) = 0.089mol/L$。称取 5.0g 氢氧化钾和 12.72g 无水碳酸钠，溶解于水，稀释至 1000mL。

（2）淋洗液：由 1 份吸收液加 49 份水配制，临用现配。

（3）氯化钾标准储备溶液：$\rho(Cl^-) = 1000μg/mL$。

称取 2.103g 氯化钾（基准试剂，于 110℃烘干 2h）。溶解后移入 1000mL 容量瓶中，用淋洗液稀释至标线，摇匀。氯化钾储备液于 0～4℃密封可保存 3 个月。

（4）氯化钾标准使用液：$\rho(Cl^-) = 10μg/mL$。

吸取 10.00mL 氯化钾标准储备液，置于 1000mL 容量瓶中，用淋洗液稀释至标线，摇匀，临用现配。

以上试剂均储于塑料瓶中。

（5）0.45μm 乙酸纤维微孔滤膜。

（6）0.3μm 乙酸纤维微孔滤膜。

2. 仪器

（1）大型气泡吸收管：10mL。

（2）空气采样器：流量范围 0～1L/min。

（3）采样管：用硬质玻璃或氟树脂材质，具有适当尺寸的管料，并应附有可加热至 120℃以上的保温夹套。

（4）聚四氟乙烯滤膜夹：尺寸与滤膜相配。

（5）连接管：用聚四氟乙烯软管或内衬聚四氟乙烯薄膜的硅橡胶管。

（6）离子色谱仪：含电导检测器以及阴离子色谱柱。

（7）真空过滤装置。

（8）聚四氟乙烯或聚乙烯塑料瓶。

（9）具塞比色管：10mL。

【 实验方法与步骤 】

1. 采样

采样器应在使用前进行气密性检查和流量校准。将 0.3μm 微孔滤膜装在滤膜采样夹内，后面串联两个各装 10mL 吸收液/淋洗液的大型气泡吸收管，用空气采样器以 1L/min 的流量，采气 60min。长时间采样，吸收液水分蒸发，需加水补充至原体积。

2. 样品保存

样品采集后用聚四氟乙烯管密封，于 0～4℃冷藏保存，48h 内分析测定。

3. 试样准备

（1）空气样品。将两个吸收管中的样品分别移入两个 10mL 具塞比色管中，用少量淋洗液洗涤吸收管内壁，淋洗液一并移入比色管，稀释至 10mL 标线，摇匀。

（2）空气空白样品。处理步骤同空气样品。

4. 分析步骤

（1）色谱条件。

流速：100mL/min；进样体积：100μL。柱温：室温（不低于 18±0.5℃）。

（2）标准曲线的绘制。

取 6 个 10mL 具塞比色管，按表 6-12 配制标准系列。

表 6-12 KCl 标准系列

项目	管号					
	0	1	2	3	4	5
KCl 标准使用溶液/mL	0	0.10	0.25	0.50	1.00	2.00
淋洗液/mL	10.0	9.90	9.75	9.5	9.00	8.00
Cl^-质量浓度/(μg/mL)	0	0.10	0.25	0.50	1.00	2.00

各管混匀后，注入离子色谱仪，测量仪器响应值及保留时间。以仪器响应值对 Cl^-质量浓度（μg/mL）绘制标准曲线。

（3）试样测定。将试样用 0.45μm 乙酸纤维微孔滤膜过滤后得到试样，保存于聚四氟乙烯或聚乙烯塑料瓶中。同法处理空白试样。测定时将试样注入离子色谱仪，在与绘制标准曲线相同的条件下测定 Cl^-含量。

5. 注意事项

（1）当相对湿度较高时，氯化氢气体吸湿生成盐酸酸雾，被滤膜阻留，导致测定结果偏低。故实验时需记录采样时的相对湿度，便于比较。

（2）本方法灵敏度高，吸收管、连接管及各器皿均应仔细洗涤，操作中防止自来水及空气微尘中的氯化物干扰，进样时避免手指触摸注射器内壁。

【实验数据记录与处理】

大气中 HCl 的质量浓度按下式计算：

$$\rho_{HCl} = \frac{(\rho_1 + \rho_2 - 2\rho_0) \times 10.0}{V_{nd}} \times \frac{36.46}{35.45}$$

式中：ρ_{HCl} 为空气中 HCl 的质量浓度，mg/m^3；ρ_1、ρ_2 分别为第一、二管试样中 Cl^- 质量浓度，$\mu g/mL$；ρ_0 为空白试样中 Cl^- 质量浓度，$\mu g/mL$；V_{nd} 为标准状态下干气的采样体积，L。

【思考题】

1. 离子色谱仪有哪些应用？
2. 当大气样品中 HCl 浓度较低时，配制和测定时吸收液的浓度应注意什么？
3. 本实验中用过的吸收管、比色管、连接管应该怎么清洗？为什么？

实验 18　大气环境中 Cl_2 浓度监测

【实验目的与意义】

1. 了解大气环境中 Cl_2 的来源与危害；
2. 理解 Cl_2 的基本监测方法的原理；
3. 掌握甲基橙分光光度法监测大气中 Cl_2 含量的方法。

【实验原理】

氯气（Cl_2）是具有强烈窒息性、刺激性的黄绿色气体，既易溶于水和碱溶液，也易溶于二硫化碳与四氯化碳等有机溶剂中。Cl_2 的化学性质非常活泼，是一种强氧化剂。Cl_2 与氮氧化物等物质相遇时，毒性会增强。在高温下与 CO 作用能形成毒性更大的光气（$COCl_2$）。Cl_2 主要来源于化工、轻工、有色金属冶炼的氯化焙烧或氯化挥发等过程。电解氯化物是工业上 Cl_2 的主要来源，使用氯和氯化氢的工业也是来源之一。

Cl_2 对人的主要毒性是引起上呼吸道黏膜炎性肿胀、充气及眼黏膜的刺激症状。高浓度氯气污染地区，还可危害附近农作物的生长，废气中 Cl_2 和氯化氢排入大气，当温度和湿度较高时，金属会受到强烈腐蚀。

测定大气中 Cl_2 的方法有碘量法、甲基橙分光光度法和联邻甲苯胺法。碘量法适用于固定污染源废气中 Cl_2 的测定；甲基橙分光光度法适用于大气中 Cl_2 含量的测定。后者的优点是试剂易得、显色稳定、定量范围广、精密度和准确度较好，大气中共存离子氯化氢对测定不干扰。

甲基橙分光光度法的方法原理为，用含溴化钾、甲基橙的酸性溶液采样，空气中的氯将溴化钾氧化为溴（Br_2），溴能破坏甲基橙分子结构，使红色减退，根据褪色程度，用分光光度法测定。反应式如下

$$Cl_2 + 2KBr \longrightarrow 2KCl + Br_2$$

$$2Br_2 + (CH_3)_2NC_6H_4N = NC_6H_4SO_3Na \longrightarrow (CH_3)_2NC_6H_4NBr_2 + Br_2NC_6H_4SO_3Na$$

方法检出限为 0.5μm/5mL，当采样体积为 20L 时，最低检出浓度为 0.025mg/m³。

盐酸气和氯化物不干扰测定，但二氧化硫对测定结果有明显的负干扰，游离溴和氮氧化物对测定结果有明显的正干扰。

【实验试剂与仪器】

1. 试剂

（1）吸收液：称取 0.100g 甲基橙，溶解于 50～100mL 40～50℃水中，冷却至室温。加 95%乙醇 20.0mL，移入 1000mL 容量瓶中，加水至标线，作为吸收液的储备溶液。放在暗处，可保存半年。量取 50.00mL 储备溶液，置于 500mL 容量瓶中，加入 1.0g 溴化钾，用水稀释至标线。以水为参比，用 1cm 比色皿，在波长 460nm 处，用储备溶液或水调整，配制成吸光度为 0.63 的吸收原液。采样前，量取此吸收原液 250mL 和（1＋6）硫酸 50mL，移入 500mL 容量瓶中，再用水稀释至标线，混匀，即成吸收液，临用现配。

（2）溴酸钾标准溶液：称取 1.1776g 溴酸钾（优级纯，经 105℃烘干 2h），用少量水溶解，移入 500mL 容量瓶中，加水稀释至标线。吸取此溶液 10.00mL 放入 1000mL 容量瓶中，加水至标线，浓度为 $c(1/6KBrO_3) = 0.000846mol/L$，此溶液每毫升相当于含 30.0μg 氯。放在暗处可保存半年。临用时，再用水稀释成每毫升相当于含 5.0μg 氯的标准溶液。

2. 仪器

多孔玻板吸收管；空气采样器，流量范围 0～1L/min；分光光度计。

【实验方法与步骤】

1. 采样

用一个内装 5.00mL 吸收液的多孔玻板吸收管，以 0.5L/min 流量采气。当吸收液颜色明显减退时，即可停止采样。如不褪色，采气应不少于 20L。

2. 标准曲线的绘制

取 7 个 10mL 具塞比色管，按表 6-13 配制标准系列。

表 6-13　溴酸钾标准系列

项目	管号						
	0	1	2	3	4	5	6
溴酸钾标准溶液/mL	0	0.10	0.20	0.30	0.40	0.50	0.60
水/mL	2.0	1.90	1.80	1.70	1.60	1.50	1.40
相当于氯含量/μg	0	0.5	1.0	1.5	2.0	2.5	3.0

在各管中加入吸收原液 2.50mL、(1 + 6) 硫酸溶液 0.50mL，混匀。20min 后，用 1cm 比色皿，在波长 515nm 处，以水为参比，测定吸光度。以吸光度对氯的含量（μg）绘制标准曲线。

3. 样品测定

用测定标准系列的操作步骤测定样品和空白对照溶液。样品吸光度减去空白对照吸光度后，由标准曲线查得氯含量（μg）。根据由实际采样体积换算得到的标准状况下的采样体积，即可求出空气中氯的浓度。

【实验数据记录与处理】

$$c_{Cl_2} = \frac{W}{V_n}$$

式中：c_{Cl_2} 为气体样品中氯的浓度，mg/m^3；W 为样品溶液中氯的含量，mg；V_n 为标准状态下的采样体积，L。

【思考题】

1. 本实验中盐酸气和氯化物对实验测定有影响吗？
2. 简述溴酸钾遇溴化钾在酸性溶液中作用放出溴的反应。

实验 19　大气环境中 Hg 浓度监测

【实验目的与意义】

1. 了解大气环境中 Hg 的来源与危害；
2. 理解 Hg 的基本监测方法的原理；
3. 掌握巯基棉富集-冷原子荧光法监测大气中 Hg 含量的方法。

【实验原理】

汞（Hg）为一种银白色液体金属，是常温下唯一的液态金属。汞具有易蒸发特性，尤其是当其洒落在地面，形成无数小汞珠，蒸发面积增大，蒸发速度更快，造成空气污染。汞在空气中以蒸气态存在。汞属于极度危害毒物，人吸入后可危害神经系统。空气中的汞来源于汞矿开采和冶炼、某些仪表制造、有机合成、染料等工业生产过程排放，以及逸散的废气和粉尘。

空气中汞的测定方法有分光光度法、冷原子吸收法、冷原子荧光法等，其中后两种方法应用比较广泛。本实验采用巯基棉富集-冷原子荧光法，方法原理为，在微酸性介质中，用巯基棉富集空气中的汞及其化合物，反应式如下

$$Hg^{2+} + 2H—SR \longrightarrow Hg{<}^{SR}_{SR} + 2H^+$$

$$CH_3HgCl + H—SR \longrightarrow CH_3HgSR + HCl$$

元素汞通过巯基棉采样管时，主要为物理吸附及单分子层的化学吸附。

采样后，用 4.0mol/L 盐酸-氯化钠饱和溶液解吸总汞，经氯化亚锡还原为金属汞，可用冷原子荧光测汞仪测定总汞含量。

方法检出限为 0.1ng 汞，当采样体积为 15L 时，最低检出浓度为 $6.6×10^{-6}mg/m^3$。

【实验试剂与仪器】

1. 试剂

（1）硫代乙醇酸。

（2）乙酸酐、乙酸。

（3）硫酸：优级纯。

（4）1.0%（质量浓度）重铬酸钾溶液。

（5）4.0mol/L 盐酸-氯化钠饱和溶液：将 NaCl 加入 4.0mol/L 盐酸溶液中加热至沸，直至 NaCl 过饱和析出为止。

（6）溴酸钾-溴化钾溶液：称取 2.8g 溴酸钾及 10.0g 溴化钾，溶解于水，稀释到 1000mL。

（7）盐酸羟胺-氯化钠溶液：称取 12.0g 盐酸羟胺及 12.0g NaCl，溶解于水，稀释到 100mL。

（8）10%（质量浓度）氯化亚锡盐酸溶液：称取 10.0g 氯化亚锡（$SnCl_2·2H_2O$）于 150mL 干烧杯中，加 10mL 浓盐酸，加热至全部溶解后，用水稀释至 100mL，以 1L/min 流量通入高纯氮气，以除去本底汞。

（9）pH 为 3 的盐酸溶液：吸取 2.0mol/L 盐酸溶液 0.50mL，用水稀释至 1000mL。

（10）高纯氮气。

（11）巯基棉的制备：依次加入 20mL 硫代乙醇酸、17.5mL 乙酸酐、8.5mL 乙酸、0.10mL 硫酸和 1.6mL 水于 150mL 烧杯中，混合均匀。待溶液温度降至 40℃以下，移入装有 5g 脱脂棉的棕色广口瓶中，将棉花均匀浸润，盖上瓶塞。置于恒温水浴中，在（40±1）℃放置 4 昼夜后取出。将棉花平铺在有两层中速定量滤纸的布氏漏斗中，抽滤，用水洗至中性。抽干水分，移入培养皿，仍置于上述恒温水浴中，同上温度烘干。存于棕色瓶中，先进行汞的回收实验，然后置于干燥器中备用。有效期为 3 个月。

（12）巯基棉采样管的制备：称取 0.10g 巯基棉，从石英采样管的大口径处塞入管内，压入内径为 6mm 的管段中，巯基棉长度约为 3cm。临用前用 0.40mL pH 3 的盐酸溶液酸化巯基棉。巯基棉采样管两端应加套封口，存放在无汞的容器中。

（13）氯化汞标准储备液：称取 0.1353g 氯化汞（$HgCl_2$），溶解于 10%硫酸溶液 5.0mL 及 1%重铬酸钾溶液 1.0mL 中，移入 100mL 容量瓶中，用水稀释至标线，此溶液每毫升含 1000μg 汞。

（14）氯化汞标准使用液：吸取 1.00mL 氯化汞标准储备液，置于 200mL 容量瓶中，加 10%硫酸溶液 10.0mL 及 1%重铬酸钾溶液 2.0mL，用水稀释至标线，此溶液每毫升含 5.0μg 汞。临用前，吸取 10.00mL 上述溶液于 100mL 容量瓶中，加 10%硫酸溶液 5.0mL 及 1%重铬酸钾溶液 1.0mL，用水稀释至标线，此溶液每毫升含 0.50μg 汞。

2. 仪器

石英采样管；注射器；布氏漏斗；抽滤装置；恒温水浴；空气采样器，流量范围 0～1L/min；冷原子荧光测汞仪。

【实验方法与步骤】

1. 采样

将巯基棉采样管细口端与采样器连接，大口径朝下，以 0.3～0.5L/min 流量，采样 30～60min，操作时应避免手指沾污巯基棉管管端。采样后，两端用塑料帽密封。

2. 标准曲线的绘制

取 7 个 5mL 的汞反应瓶，按表 6-14 配制标准系列。

表 6-14　氯化汞标准系列

项目	瓶号						
	0	1	2	3	4	5	6
氯化汞标准使用液/μL	0	5.0	10.0	20.0	30.0	40.0	50.0
汞含量/ng	0	2.5	5.0	10.0	15.0	20.0	25.0

具体做法为，各反应瓶用 4.0mol/L 盐酸-氯化钠饱和溶液稀释至 5mL 标线，向各瓶中加 0.10mL 溴酸钾-溴化钾溶液，放置 5min 后，出现黄色，加一滴盐酸氢胺-氯化钠溶液，使黄色褪去，摇匀。用注射器向各瓶中加入 1.0mL 氯化亚锡盐酸溶液，振荡 0.5min 后，用高纯氮气将汞蒸气吹入冷原子荧光测汞仪中测定。以测汞仪上读数对汞含量（ng）绘制标准曲线。

3. 样品测定

（1）将采样后巯基棉采样管放在 10mL 容量瓶的瓶口上，以 1～2mL/min 流量，滴加 4.0mol/L 盐酸-氯化钠饱和溶液，使汞及其化合物解吸，用 4.0mol/L 盐酸-氯化钠饱和溶液稀释至标线，摇匀，即为样品溶液。

（2）吸取适量样品溶液于 5mL 反应瓶中，用 4.0mol/L 盐酸-氯化钠饱和溶液稀释至标线，以下步骤同标准曲线的绘制。

4. 注意事项

实验用的试剂均需事先用冷原子荧光测汞仪检查，试剂中汞的空白值不应超过 0.1μg。

【实验数据记录与处理】

汞的浓度计算公式如下

$$c_{Hg} = \frac{W}{V_n \times 1000} \times \frac{V_t}{V_a}$$

式中：c_{Hg} 为气体样品中汞的浓度，mg/m^3；W 为测定时所取样品中 Hg 的含量，ng；V_t 为样品溶液总体积，mL；V_a 为测定时所取样品溶液体积，mL；V_n 为标准状态下的采样体积，L。

【思考题】

1. 本方法还可以用来测定哪些状态的汞？
2. 怎样测定巯基棉的吸收效率？

实验 20　大气环境中 Pb 浓度监测

【实验目的与意义】

1. 了解大气环境中铅蒸气的转化过程；
2. 理解 Pb 的基本检测方法原理；
3. 掌握利用原子吸收分光光度法监测大气环境中 Pb。

【实验原理】

铅（Pb）为银灰色质软的重金属，将铅加热至 400～500℃时，即有大量铅蒸气逸出。铅蒸气在空气中可迅速氧化为氧化亚铅（Pb_2O）凝集为烟尘，进一步氧化为氧化铅（PbO）；当温度加到 330～450℃时，生成的氧化铅转变为三氧化二铅（Pb_2O_3），至 450～470℃时，则形成四氧化三铅（Pb_3O_4）。除氧化铅以外所有铅的氧化物在高温下都不稳定，可分解为 PbO 及 O_2。

铅是一种蓄积性毒物，其毒性取决于在人体组织内的溶解度。氧化铅易溶于水，毒性较大，而且颗粒越小，毒性越大。铅不是人体必需的元素，可通过消化道和呼吸道进入人体，在体内积累后会引起铅中毒。慢性铅中毒表现为神经衰弱、神经炎、口内金属味、便秘、腹绞痛、轻度贫血等。

测定大气颗粒态铅的常用方法是原子吸收分光光度法和二硫腙比色法，前者方法快速、准确、干扰少；后者灵敏、准确，易于推广，但操作复杂、要求严格。除此之外，也可用电感耦合等离子体原子发射光谱法（ICP-AES）、电感耦合等离子体质谱法（ICP-MS）等测定。

本实验采用原子吸收分光光度法，它的方法原理为用过氯乙烯滤膜采集颗粒物样品，经稀硝酸浸出法或硫酸-灰化法制备成样品溶液。在空气-乙炔火焰中，铅被原子化，于光路中吸收从铅空心阴极灯发射出来的特征谱线（283.3nm）。根据特征谱线光强度的变化，用原子吸收分光光度法测定。

方法检出限为 0.5μg/mL（1%吸收）。当采样体积为 50m^3，取 1/2 张滤膜（直径 8～10cm）进行测定时，最低检出浓度为 5×10^{-4}mg/m^3（稀硝酸浸出法）、2×10^{-4}mg/m^3（硫酸-灰化法）。

【实验试剂与仪器】

1. 试剂

（1）过氯乙烯滤膜或超细玻璃纤维滤膜。

（2）硝酸溶液 c_{HNO_3} = 0.010mol/L、0.16mol/L、0.50mol/L 及 6.0mol/L。

（3）7%（体积分数）硫酸溶液：用优级纯硫酸配制。

（4）硝酸、盐酸、氢氟酸：优级纯。

（5）铅标准储备液：称取 0.5000g 金属铅（99.99%）于 100mL 烧杯中，用温热的 6.0mol/L 硝酸溶液 10～15mL 溶解，冷却后移入 500mL 容量瓶中，用水稀释至标线。此溶液每毫升含 1000μg 铅。

（6）铅标准使用液：临用时，用水将标准储备液稀释为每毫升含 100μg 铅的标准使用液。

2. 仪器

铂坩埚或裂解石墨坩埚，20～30mL；马弗炉；总悬浮颗粒物采样器，大流量采样器或中流量采样器；原子吸收分光光度计。

【实验方法与步骤】

1. 采样

用大流量采样器时，以 1.1～1.7m^3/min 的流量采样 24h，或用中流量采样器，滤膜过滤直径为 8cm 时，以 50～150L/min 流量，采样 20～40m^3。用镊子揭去过氯乙烯滤膜的衬纸，将毛面朝上，放入采样夹，拧紧。采样后，用镊子取下滤膜，尘面朝里。对折两次，叠成扇形，夹在原衬纸中间，放回原纸袋中，详细记录采样条件。

2. 样品分析

1）原子吸收分光光度计工作条件

波长：283.3nm；灯电流：4mA；火焰类型：空气-乙炔。

2）标准曲线的绘制

（1）取 7 个 100mL 容量瓶，按表 6-15 配制标准系列。

表 6-15　铅标准系列

项目	瓶号						
	0	1	2	3	4	5	6
铅标准使用液/mL	0	0.50	1.00	2.00	4.00	8.00	10.00
铅浓度/(μg/mL)	0	0.50	1.00	2.00	4.00	8.00	10.00

然后用 0.16mol/L 硝酸溶液稀释至 100mL 标线，摇匀。

（2）按选定的仪器的工作条件，测定吸光度。以吸光度对铅浓度（μg/mL）绘制标准曲线。

3）样品测定

（1）样品溶液制备。

稀硝酸浸出法：取适量样品滤膜，放入 50mL 烧杯中，将尘面向上，加入 0.50mol/L 硝酸溶液 20mL，浸泡过夜。在电热板上加热，保持微沸状态，待烧杯内溶液浓缩至约 10mL 时，停止加热。用中速定量滤纸过滤，滤液收集在 100mL 烧杯内，用 0.50mol/L 硝酸溶液洗涤滤纸和烧杯 4~5 次，与滤液合并，于电热板上加热，微沸蒸干。冷却后加入 0.5mL 浓硝酸润湿残渣，蒸干至不再冒烟，冷却后加入 0.5mL 浓盐酸，蒸干。加少量 0.16mol/L 硝酸溶液溶解残渣，定量转移至 25mL 容量瓶中，用 0.16mol/L 硝酸溶液稀释至标线，摇匀，即为待测样品溶液。

（2）按与标准曲线绘制相同的仪器工作条件测定样品溶液的吸光度。

（3）取同批号、等面积的空白滤膜，按样品测定步骤测定空白值。

3. 注意事项

用浸出法处理样品时，应小心低温加热蒸干，避免迸溅误伤。

【实验数据记录与处理】

$$c_{Pb} = \frac{(c - c_0) \cdot V}{V_n \times 1000} \times \frac{S_t}{S_n}$$

式中：c_{Pb} 为大气样品中的铅浓度，mg/m³；c 为样品溶液中铅浓度，mg/mL；c_0 为空白溶液中铅浓度，mg/mL；V 为样品溶液体积，mL；S_t 为样品滤膜总面积，cm²；S_n 为测定时所取滤膜面积，cm²；V_n 为标准状态下的采样体积，L。

【思考题】

1. 实验消解有什么具体方法？
2. 本实验为什么需要用硝酸溶液处理过夜？
3. 采用稀硝酸浸出法制备样品溶液时，除用硝酸溶液处理过夜还应注意什么？

第7章　大气环境有机污染物监测

实验 21　大气环境中总挥发性有机物监测

【实验目的与意义】

1. 了解空气中总挥发性有机物的组成、来源及主要测定方法；
2. 掌握气相色谱法测定总挥发性有机物的原理；
3. 掌握吸附管中气体解吸的基本步骤。

【实验原理】

总挥发性有机物（TVOC）是指用气相色谱非极性柱分析保留时间在正己烷和正十六烷之间并包括它们在内的已知和未知的挥发性有机化合物的总称，主要有苯、甲苯、乙酸丁酯、乙苯、苯乙烯、邻二甲苯、间二甲苯、对二甲苯、正十一烷等。典型的总挥发性有机物的测定方法为固体吸附管采样，然后加热解吸，用毛细管气相色谱法测定。

具体原理为选择合适的吸附剂（Tenax TA 或者 Tenax GC），用吸附管收集一定体积的空气样品，空气流中的挥发性有机物保留在吸附管中。采样后，将吸附管加热，解吸挥发性有机物，待测样品随惰性载气进入毛细管气相色谱仪。在一定的色谱条件下，经毛细管分离，FID 检测器检测，工作站记录谱图和数据，用保留时间定性，峰高或峰面积定量。

采用本方法，可测定的空气中总挥发性有机物浓度范围为 $0.5\sim100\mu g/m^3$。采样量 10L 时，检测下限为 $0.5\mu g/m^3$，线性范围为 10^6。

【实验试剂与仪器】

1. 试剂

CS_2，分析纯；苯，分析纯；甲苯，分析纯；乙酸丁酯，分析纯；乙苯，分析纯；对二甲苯，分析纯；苯乙烯，分析纯；邻二甲苯，分析纯；正十一烷，分析纯。

TVOC 混合标准液：用 CS_2 稀释，配制成化合物标准使用液。

2. 仪器

吸附采样管；空气采样器；气相色谱仪：附 FID 检测器；Tenax TA 吸附剂：粒径 $0.18\sim0.25mm$（$60\sim80$ 目）。

【实验方法与步骤】

1. 采样与样品保存

将吸附管与采样泵用塑料或者硅胶管连接，个体采样时，采样管垂直安装在呼吸带；固定采样时，选择合适的采样位置。打开采样泵，调节流量，以保证在适当的时间获得所需要的采样体积（1～10L）。如果总样品量超过 1mg，采样体积应相应地减少。记录采样开始和结束的时间、采样流量、温度和大气压强，填写采样记录。

采样完后，将采样管取下，做好标记，密封管的两端或者将其放入可密封的金属或玻璃管内，冷藏保存，样品可保存 14d 左右。采集空白样品时，应该与采集其他样品同步进行，地点选择在室外上风向处。

2. 样品的测定

1）样品的解吸和浓缩

将吸附管安装在热解吸仪上，加热，使有机蒸气从吸附剂上解吸下来，并被载气流带入冷阱，进行预浓缩，载气流的方向与采样时的方向相反。然后再以低流速快速解吸，经传输线进入毛细管气相色谱仪。传输线的温度应该足够高，以防止待测成分凝结。解吸条件如下：解吸温度 250～325℃，解吸时间 5～15min，解吸气流量 30～50mL/min，冷阱的制冷温度 –180～20℃，冷阱中的吸附剂一般与吸附管中的相同（40～100mg），载气为氦气或高纯氮气，样品管与二级冷阱之间以及二级冷阱与分析柱之间的分流比应根据空气中的浓度来选择。

2）色谱分析条件

毛细管柱：SE-30～50m×0.32mm×1μm；载气压强：0.07MPa；空气流量：400mL/min；氢气流量：40mL/min；分流比：50：1。

柱温：以 50℃/min 升温并保持 10min，以 10℃/min 升温到 250℃并保持 10min。检测器温度：250℃；气化室温度：250℃。

热解吸条件：吸附剂 Tenax TA；解吸温度 280℃；解吸管吹扫时间 5min；热解吸时间 5min；解吸管反吹活化时间 30～50min。

3. 标准曲线的绘制

外标法：取单组分含量为 0.05mg/mL、0.1mg/mL、0.2mg/mL、0.5mg/mL、1.0mg/mL、1.5mg/mL 和 2.0mg/mL 的标准溶液 1～5μL 注入吸附管，同时用 100mL/min 的氮气通过吸附管，5min 后取下，密封，标记好，作为标准系列。将吸附管置于热解吸直接进样管中，250～350℃解吸后，解吸气体用气相色谱仪分析，扣除空白后峰面积为纵坐标，以待测物质量为横坐标，绘制标准曲线，求解回归系数。

4. 样品分析

每个样品吸附管及未采样管，按照标准系列相同的方法解吸后用气相色谱仪分析，用保留时间定性，峰面积定量。

5. 注意事项

（1）采集室外空气空白样品，应与采集其他空气样品同步，地点在室外上风向处。

（2）当与挥发性有机化合物有相同或几乎相同的保留时间的组分干扰测定时，宜通过选择合适的气相色谱柱，或者优化分析条件，将干扰减到最低。

【实验数据记录与处理】

1. 实验数据记录

将测定的数据填入表 7-1、表 7-2 和表 7-3。

表 7-1　空气中总挥发性有机物的采样数据记录表

采样地点	采样时间/min	吸附管	流量/(L/min)	体积/L	温度/℃	大气压强/kPa	标态体积/L
		Tenax TA					

表 7-2　标准系列及样品测定数据记录表

样品		标准系列溶液浓度/(mg/mL)								回归方程
		0.00	0.05	0.10	0.20	0.50	1.00	1.50	2.00	
苯	含量/μg									
	峰面积									
甲苯	含量/μg									
	峰面积									
乙酸丁酯	含量/μg									
	峰面积									
乙苯	含量/μg									
	峰面积									
对二甲苯	含量/μg									
	峰面积									
苯乙烯	含量/μg									
	峰面积									
邻二甲苯	含量/μg									
	峰面积									
正十一烷	含量/μg									
	峰面积									

表 7-3　样品及空白测定数据记录表

项目	样品峰面积	空白峰面积	各组分含量/μg	标准状态下各组分实际浓度/(mg/m³)
苯				
甲苯				
乙酸丁酯				
乙苯				
对二甲苯				
苯乙烯				
邻二甲苯				
正十一烷				
未识别峰				

2. 数据处理与结果计算

1）标准状态下采样体积 V_0

标准状态下采样体积 V_0 按照下式计算：

$$V_0 = \frac{T_0}{273.15 + t} \times \frac{p}{p_0} \times V_t$$

式中：V_0 标准状态下空气采样体积，L；V_t 为采样实际体积，L；t 为采样点的温度，℃；T_0 为标准状态下热力学温度，273.15K；p 为采样点大气压强，kPa；p_0 为标准状态下大气压强，kPa。

2）所采空气中各组分的浓度

浓度计算按下式计算：

$$c_{mi} = \frac{m_i - m_0}{V_0}$$

式中：c_{mi} 为所采空气样品 i 组分的浓度，mg/m³；m_i 为样品管中 i 组分的量，μg；m_0 为未采样管中 i 组分的量，μg；V_0 为标准状态下空气采样体积，L。

3）空气样品中 TVOC 的浓度

计算按照公式：

$$c_{TVOC} = \sum_{i=1}^{n} c_{mi}$$

式中：c_{TVOC} 为标准状态下所采空气样品中 TVOC 的浓度，mg/m³。

【思考题】

1. 载气流的方向为什么要和采样进气流方向相反？
2. 用热解吸法测定 TVOC 的影响因素有哪些？
3. 如何使本实验受到的干扰减到最小？

实验 22　大气环境中挥发性卤代烃监测

【实验目的与意义】

1. 了解空气中挥发性卤代烃的种类；
2. 掌握大气采样器的使用；
3. 熟悉气相色谱法测定大气中卤代烃的原理和方法。

【实验原理】

环境空气中挥发性卤代烃主要有氯苯、苄基氯、1,1-二氯乙烷、1,2-二氯乙烷、反式-1,2-二氯乙烯、顺式-1,2-二氯乙烯、1,2-二氯丙烷、1,2-二氯苯、1,3-二氯苯、1,4-二氯苯、1,1,1-三氯乙烷、1,1,2-三氯乙烷、三氯乙烯、三氯甲烷、三溴甲烷、1-溴-2-氯乙烷、1,2,3-三氯丙烷、1,1,2,2-四氯乙烷、四氯乙烯、四氯化碳、六氯乙烷等 21 种。主要测定方法为活性炭吸附-二硫化碳解吸/气相色谱法，即环境空气中的挥发性卤代烃经活性炭采样管富集后，用二硫化碳（CS$_2$）解吸，使用带有电子捕获检测器（ECD）的气相色谱仪测定，以保留时间定性，外标法定量。

当采样体积为 10L 时，本标准的方法检出限为 0.03～10μg/m^3，测定下限为 0.12～40μg/m^3。

【实验试剂与仪器】

1. 试剂

（1）二硫化碳：色谱纯，在方法推荐条件下经气相色谱检验无干扰峰。
（2）标准储备液：取适量色谱纯的挥发性卤代烃配制于一定体积的上述二硫化碳中，具体浓度见表 7-4，也可直接购买市售有证标准溶液。

表 7-4　挥发性卤代烃的校准系列浓度

序号	组分	标准储备液浓度/(μg/mL)	标准使用液浓度/(μg/mL)	校准系列浓度/(μg/mL)
1	1,1,1-三氯乙烷、三氯乙烯、三溴甲烷、1,1,2,2-四氯乙烷、四氯乙烯、四氯化碳、六氯乙烷	2.00	0.200	0.001，0.002，0.004，0.010，0.020
2	1,2-二氯苯、1,3-二氯苯、1,1,2-三氯乙烷、1-溴-2-氯乙烷、1,2,3-三氯丙烷	20.0	2.00	0.010，0.020，0.040，0.100，0.200
3	苄基氯、1,4-二氯苯、三氯甲烷	100	10.0	0.050，0.100，0.200，0.500，1.00
4	氯苯、1,1-二氯乙烷、1,2-二氯乙烷、反式-1,2-二氯乙烯、顺式-1,2-二氯乙烯、1,2-二氯丙烷	1000	100	0.500，1.00，2.00，5.00，10.0

（3）标准使用液：用二硫化碳将标准储备液稀释 10 倍，配制成标准使用液，临用现配。

（4）载气：氮气，纯度 99.999%。

（5）无水硫酸钙：经 500℃烘烤 4h 后置于干燥器中备用。

2. 仪器

（1）气相色谱仪：具电子捕获检测器。

（2）毛细管柱：50m×0.32mm，1.05μm 膜厚，固定相为 100%甲基硅氧烷。或使用其他等效毛细管柱。

（3）采样器：能在 0.1～1.0L/min 内精确保持流量，流量误差应在±5%以内。

（4）活性炭采样管：采样管内装有两段椰壳活性炭，颗粒大小为 0.4～0.8mm（20～40 目），左侧段 100mg，右侧段 50mg；或使用装有 150mg 椰壳活性炭的单段采样管。

（5）微量注射器：5μL、10μL、50μL、100μL、1mL。

（6）棕色样品瓶：2mL，具聚四氟乙烯衬垫和实心螺旋盖。

【实验方法与步骤】

1. 样品的采集

（1）采样前应对采样器进行流量校准。在采样现场，将一个活性炭采样管敲开两端，与采样器相连，检查采样系统的气密性，调整采样装置流量至 0.2L/min，此采样管仅作为调节流量用。

（2）敲开用于采样的活性炭采样管的两端，与采样器相连（左侧段为气体进入口）。在样品采集过程中应随时检查流量，并保持流量为 0.2L/min，采样 50min。采样结束后，取下采样管，立即密封。记录采样点位、时间、环境温度、大气压、采样开始流量、采样结束流量和采样管编号等信息。

（3）现场空白样品的采集。将活性炭采样管运输到采样现场，敲开两端后立即密封，同已采集样品的活性炭采样管一同存放并带回实验室分析。每批样品至少带一个现场空白样品。

2. 样品的保存

将采集好的采样管避光密闭保存，室温下 3d 内测定。否则应放入密闭容器中，4℃冰箱中保存，7d 内测定，或者于-20℃冰箱中保存，14d 内测定。分析时采样管应恢复至室温，若外壁有冷凝水，用滤纸擦干。

3. 试样的制备

将采集好的采样管中活性炭取出，放入预先装有 0.2g 无水硫酸钙的棕色样品瓶中，加入 1.00mL 二硫化碳密闭，轻轻振动 1min，静置在室温下解吸 1h 后，待测。

解吸液在 4℃冰箱中可保存 5d。

4. 空白试样的制备

将现场空白采样管中的活性炭取出，按照上述试样制备的步骤，制备空白试样。

5. 分析步骤

（1）仪器参考条件。柱箱温度：35℃保持 8min，以 5℃/min 速率升温到 100℃，再以 10℃/min 速率升温到 200℃保持 5min；柱流量：1.5mL/min；进样口温度：220℃；检测器温度：320℃；分流比：5∶1；尾吹气流量：60mL/min。

（2）标准曲线的绘制。用微量注射器分别移取 5.0μL 和 10.0μL 的标准使用液，2.0μL、5.0μL 和 10.0μL 的标准储备液，分别加入活性炭采样管左侧段中，用氮气以 0.2L/min 吹 50min。配制标准系列质量浓度溶液。用微量注射器分别移取标准系列溶液 1.0μL 注射到气相色谱仪中。以目标物浓度（μg/mL）为横坐标，对应的响应值为纵坐标，绘制标准曲线。

（3）测定。用微量注射器移取 1.0μL 试样，注射到气相色谱仪中，按照仪器参考条件进行测定，记录色谱峰的保留时间和响应值。

（4）空白实验。用微量注射器移取 1.0μL 空白试样，注射到气相色谱仪，按照仪器参考条件进行测定。

6. 注意事项

实验中所使用的标准样品和二硫化碳均为易挥发的有毒化学品，溶液配制过程应在通风橱内进行，操作人员应佩戴防护器具。

【实验数据记录与处理】

1. 定性分析

根据附录 5 中标准色谱图组分的保留时间进行定性。

2. 定量分析

根据目标物的响应值，用标准曲线计算试样中的目标物的质量浓度。
环境空气中目标物的质量浓度按照下式进行计算

$$\rho = \frac{\rho_1 \times V \times 1000}{V_{nd}}$$

式中：ρ 为环境空气中目标物的质量浓度，μg/m³；ρ_1 为由标准曲线计算的试样中目标物的质量浓度，μg/mL；V 为试样的体积，mL；V_{nd} 为标准状态下（101.325kPa，273.15K）的采样体积，L。

【思考题】

1. 采样前活性炭是否需要活化处理？为什么？
2. 什么是空白实验？空白实验有什么作用？

实验 23　大气环境中多环芳烃污染物监测

【实验目的与意义】

1. 了解大气中多环芳烃污染物的来源；
2. 理解多环芳烃的具体监测方法。
3. 掌握气相色谱-质谱联用法监测大气中多环芳烃污染物浓度的定量定性过程。

【实验原理】

多环芳烃（PAHs）是一类持久性的有机污染物，是空气污染中重要的检测对象。它通常是燃料和其他有机物不完全燃烧的产物，机动车行驶、工业生产、动植物焚烧、家庭取暖、固体废物焚烧、烟草燃烧等均会产生 PAHs。常见的 16 种未取代的 PAHs 均具有致癌和致畸变性作用。

测定大气中 PAHs 通常采用高效液相色谱法（HPLC）和气相色谱-质谱联用法（GC/MS）。本实验采用的是后者，方法原理为，气相和颗粒物中的 PAHs 分别收集于采样筒与玻璃（或石英）纤维滤膜/筒，采样筒和滤膜用 10/90（体积分数）乙醚/正己烷的混合溶剂提取，提取液经过浓缩、硅胶柱或弗罗里硅土柱等方式净化后，进行气相色谱-质谱联机检测，根据保留时间、质谱图或特征离子进行定性，内标法定量。

【实验试剂与仪器】

1. 试剂

二氯甲烷（CH_2Cl_2）：色谱纯。

正己烷（C_6H_{14}）：色谱纯。

乙醚（C_2H_6O）：色谱纯。

丙酮（C_3H_6O）：色谱纯。

无水硫酸钠（Na_2SO_4）：使用前在马弗炉中于 450℃ 烘烤 2h，冷却后，储于磨口玻璃瓶中密封保存。

十氟三苯基膦（DFPTT）：5mg/L（二氯甲烷溶剂），可直接购买市售有证标准溶液，或用高浓度标准溶液配制。

内标储备溶液：$\rho = 2000\mu g/mL$。

内标使用溶液：$\rho = 400\mu g/mL$。

多环芳烃类标准储备液：$\rho = 2000\mu g/mL$。

多环芳烃标准中间液：$\rho = 200mg/L$。

多环芳烃标准使用液：$\rho = 20mg/L$。

样品提取液：1/9（体积分数）乙醚/正己烷混合溶液。

淋洗液 1：2/3（体积分数）二氯甲烷/正己烷混合溶液。

淋洗液 2：1/1（体积分数）二氯甲烷/正己烷混合溶液。

柱层析硅胶：试剂级，100～200 目，孔径 30Å 或 60Å。使用前，放在浅盘中 130℃烘烤活化 16h，取出放在干燥器中冷却后，装入玻璃瓶中备用。必要时，活化前使用二氯甲烷浸洗。

2. 仪器

硅胶固相柱或弗罗里硅土固相柱：1000mg/6mL，也可根据杂质含量选择适宜容量的商业化硅胶或弗罗里硅土固相柱。

超细玻璃纤维滤膜或石英纤维滤膜。

玻璃纤维滤筒（石英滤筒）。

XAD-2 树脂（苯乙烯-二乙烯基苯聚合物）。

聚氨酯泡沫（PUF）。

氮气：纯度≥99.999%。

玻璃棉：使用前用二氯甲烷浸洗，待挥去溶剂后密封保存。

气相色谱-质谱联机：气相色谱具有分流/不分流进样口，具有程序升温功能；质谱仪采用电子轰击离子源。

色谱柱：石英毛细管色谱柱，30m（长）×0.25mm（内径）×0.25μm（膜厚），固定相为 5%苯基甲基聚硅氧烷，或其他等效的色谱柱。

石墨垫：含 60%聚酰亚胺和 40%石墨，避免分析过程中对 PAHs 产生吸附。

氦气：纯度≥99.999%。

环境空气采样设备：采样装置由采样头、采样泵和流量计组成。

采样泵：具有自动累计流量，自动定时，断电再启功能。正常采样情况下，大流量采样器负载可以达到 225L/min 以上，中流量采样器负载可以达到 100L/min 以上。能够将环境空气抽吸到玻璃纤维滤膜及其后面的吸附套筒内的吸附材料上，在连续 24h 期间至少能够采集到 144m³ 的空气样品。

采样头：采样头由滤膜夹和吸附剂套筒两部分组成，见图 7-1。采样头配备不同的切割器可采集 TSP、PM_{10} 或 $PM_{2.5}$ 颗粒物。

滤膜夹由滤膜固定架、滤膜、不锈钢筛网组成。滤膜固定架由金属材料制成，并能够通过一个不锈钢筛网支撑架固定玻璃纤维/石英滤膜。

流量计：可设定流量不低于 100L/min，采样前用标准流量计对采样流量进行校准。

固定污染源排气采样设备同时采集气相和颗粒物中 PAHs 时可选用仪器，其构成包括采样管、滤筒（或滤膜）、气相吸附单元、冷凝装置、流量计量和控制装置等部分，见图 7-2。

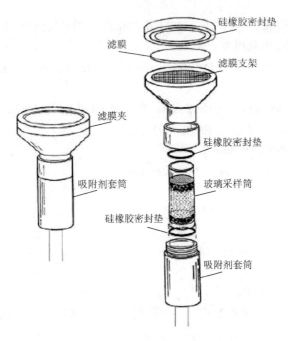

图 7-1　采样头示意图

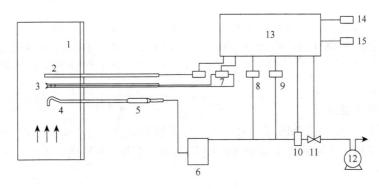

图 7-2　废气采样装置示意图

1. 烟道；2. 热电偶或热电阻温度计；3. 皮托管；4. 采样管；5. 滤筒（或滤膜）；
6. 带有冷凝装置的气相吸附单元；7. 微压传感器；8. 压力传感器；9. 温度传感器；10. 流量传感器；
11. 流量调节装置；12. 采样泵；13. 微处理系统；14. 微型打印机或接口；15. 显示器

滤筒（或滤膜）托架：滤筒（或滤膜）托架用硼硅酸盐玻璃或石英玻璃制成，尺寸要与滤筒（或滤膜）相匹配，应便于滤筒（或滤膜）的取放，接口处密封良好。

带有冷凝装置的气相吸附单元：冷凝装置用于分离、储存废气中冷凝下来的水，储存冷凝水容器的容积应不小于 1L。气相吸附单元是吸附柱，吸附柱一般内径 30～50mm、长 70～200mm，可装填 20～40g XAD-2 和 PUF。

流量计量和控制装置：用于指示和控制采样流量的装置，能够在线监测动压、静压、计前温度、计前压力、流量等参数。流量计应具有自动进行温度和压力校正的累积流量计，采样流量在采样前。

索氏提取器：500mL、1000mL、2000mL。也可采用其他性能相当的提取装置。

恒温水浴：控制温度精度在±5℃。

旋转蒸发装置，也可使用 K-D 浓缩器、有机样品浓缩仪等性能相当的设备。

固相萃取净化装置。

玻璃层析柱：长 350mm，内径 20mm，底部具 PTFE 活塞的玻璃柱。

微量注射器：10μL、50μL、100μL、250μL。

气密注射器：500μL、1000μL。

容量瓶：A 级，5mL、10mL、25mL、50mL。

【实验方法与步骤】

1. 仪器条件

1）气相色谱的参考条件

进样口温度：250℃；进样方式：不分流进样，在时间 0.75min 分流，分流比 60∶1；程序升温：初始温度 70℃，保持 2min，以 10℃/min 升至 320℃，保持 5.5min；载气：氦气，流量：1.0mL/min；进样量：1.0μL。

2）质谱参考条件

离子源：EI 源；离子源温度：230℃；离子化能量：70eV；扫描方式：全扫描或选择离子扫描（SIM）。扫描范围：m/z 35～500u（$1u = 1.66053886 \times 10^{-27}kg$）；溶剂延迟：6.0min；电子倍增电压：与调谐电压一致；传输线温度：280℃。其余参数参照仪器使用说明书进行设定。

3）仪器的性能检查

在每天分析之前，GC/MS 系统必须进行仪器性能检查。进 1μL DFTPP 溶液，GC/MS 系统得到的 DFTPP 关键离子丰度应满足规定标准，否则需对质谱仪的一些参数进行调整或清洗离子源。

2. 样品测定

用索氏提取法萃取颗粒物中的 PAHs。将仪器调整到最佳工作状态，按上述分析条件测定标准系列，得到 PAHs 色谱图，计算工作曲线。以相同条件测定样品浓缩液。

定性分析：以全扫描或选择离子方式采集数据，以样品中相对保留时间（RRT）、辅助定性离子和目标离子峰面积比（Q）与标准溶液中的变化范围来定性。样品中目标化合物的相对保留时间与标准曲线该化合物的相对保留时间的差值应在±0.03 内。样品中目标化合物的辅助定性离子和定量离子峰面积比（$Q_{样品}$）与标准曲线目标化合物的辅助定性离子和定量离子峰面积比（$Q_{标准}$）相对偏差控制在±30%以内。按式（7-1）计算相对保留时间 RRT。

$$RRT = \frac{RT_c}{RT_{is}}$$

（7-1）

式中：RT_c 为目标化合物的保留时间，min；RT_{is} 为内标物的保留时间，min。

平均相对保留时间：标准系列中同一目标化合物的相对保留时间平均值。

按式（7-2）计算辅助定性离子和定量离子峰面积比（Q）。

$$Q = \frac{A_q}{A_t} \qquad (7\text{-}2)$$

式中：A_t 为定量离子峰面积；A_q 为辅助定性离子峰面积。

定量分析：按条件进行分析，得到多环芳烃的质谱图，根据定量离子的峰面积，采用内标法定量。

标准曲线的绘制：在 6 个 2mL 棕色样品瓶中，依次加入 970μL、940μL、890μL、790μL、590μL、490μL 正己烷，再依次加入 20μL、50μL、100μL、200μL、400μL、500μL 多环芳烃标准使用液，在每个瓶中准确加入 10μL 内标使用溶液，配制 PAHs 浓度分别为 0.4mg/L、1.0mg/L、2.0mg/L、4.0mg/L、8.0mg/L、10.0mg/L 标准系列。

平均相对响应因子的计算方法：按条件进行分析，得到不同浓度的多环芳烃标准溶液的质谱图，按式（7-3）、式（7-4）计算不同浓度的待测物定量离子的相对响应因子及平均相对响应因子，并计算相对标准偏差，如果各浓度化合物相对响应因子的相对标准偏差不大于 30%，利用平均相对响应因子进行结果计算。相对响应因子（RRF_i）按式（7-3）计算：

$$RRF_i = \frac{A_s \rho_{is}}{A_{is} \rho_s} \qquad (7\text{-}3)$$

式中：A_s 为标准溶液中待测化合物的定量离子的峰面积；A_{is} 为内标化合物定量离子的峰面积；ρ_s 为标准溶液中多环芳烃的浓度，μg/mL；ρ_{is} 为内标化合物的浓度，μg/mL。

平均相对响应因子按式（7-4）计算：

$$\overline{RRF_i} = \frac{\sum\limits_{i=1}^{n} RRF_i}{n} \qquad (7\text{-}4)$$

标准曲线的核查：每个工作日应测定曲线中间点溶液，来检验标准曲线。

样品的测定：标准曲线绘制完毕或曲线核查完成后，将处理好的并放置室温的样品注入气相色谱-质谱仪，按照仪器参考条件进行样品测定。根据目标化合物和内标定量离子的峰面积计算样品中目标化合物的浓度。当样品浓度超出标准曲线的线性范围时，将样品稀释至校准曲线线性范围内，适当补加内标量保持与标准曲线一致，再进行测定。

空白实验：在分析样品的同时，应做空白实验，按与样品测定相同步骤分析，检查分析过程中是否有污染。

【实验数据记录与处理】

样品中目标化合物的质量浓度（ρ）按式（7-5）计算。

$$\rho = \frac{\rho_i \times V \times DF}{V_s} \qquad (7\text{-}5)$$

其中

$$\rho_i = \frac{\rho_{is} \times A_i}{RRF_i \times A_{is}}$$

式中：ρ 为样品中目标化合物的质量浓度，μg/m³；ρ_i 为从平均相对响应因子或标准曲线得到目标化合物的质量浓度，μg/mL；A_i 为目标化合物的定量离子峰面积；V 为样品的浓缩体积，mL；V_s 为标准状况下的采样总体积，m³；DF 为稀释因子（目标化合物的浓度超出曲线，进行稀释）。

结果表示：当环境空气样品≥0.01μg/m³ 时，结果保留三位有效数字；<0.01μg/m³ 时，结果保留至小数点后四位。

【思考题】

1. 为什么本实验需要空白实验？
2. 大气中的多环芳烃污染物有什么危害？

实验 24　大气环境中二噁英污染物监测

【实验目的与意义】

1. 了解什么是二噁英类污染物；
2. 掌握二噁英类污染物具体监测的方法原理；
3. 熟悉高分辨气相色谱-高分辨质谱法监测大气环境中的二噁英类污染物方法的标准操作程序和分析过程的质量管理措施；
4. 掌握二噁英类污染物具体的计算方法。

【实验原理】

二噁英类是多氯代二苯并对二噁英（polychlorinated dibenzo-p-dioxins，PCDDs）和多氯代二苯并呋喃（polychlorinated dibenzofurans，PCDFs）的统称。二噁英类所有化合物互为同类物，共有 210 种同类物。具有相同化学组成但氯取代位置不同的二噁英类互为异构体。

二噁英的发生源主要有两个，一是在制造包括农药在内的化学物质，尤其是氯系化学物质，像杀虫剂、除草剂、木材防腐剂、落叶剂（美军用于越战）、多氯联苯等产品的过程中派生；二是来自对垃圾的焚烧。焚烧温度低于 800℃，塑料之类的含氯垃圾不完全燃烧，极易生成二噁英。二噁英随烟雾扩散到大气中。它的毒性极强，要比氰化钾毒约 100 倍，比砒霜毒约 900 倍，是非常稳定又难以分解的一级致癌物质。它还具有生殖毒性、免疫毒性及内分泌毒性等。

本实验采用同位素稀释高分辨气相色谱-高分辨质谱法（HRGC-HRMS）测定大气环境中的二噁英类，利用滤膜和吸附材料对环境空气中的二噁英类进行采样，采集的样品加入提取内标，分别对滤膜和吸附材料进行处理得到样品提取液，再经过净化和浓缩转化为最终分析样品，用高分辨气相色谱-高分辨质谱法进行定性和定量分析。

【实验试剂与仪器】

1. 试剂

分析时均使用符合国家标准的农残级试剂，并进行空白试验。有机溶剂浓缩 10000 倍不得检出二噁英类。

甲醇、丙酮、甲苯、正己烷、二氯甲烷、壬烷或癸烷、水（用正己烷充分洗涤过的蒸馏水）；25%二氯甲烷-正己烷溶液（二氯甲烷与正己烷以体积比 1：3 混合）；采样内标：二噁英类内标物质（溶液），一般选择 ^{13}C 标记或 ^{37}Cl 标记化合物作为采样内标，每个样品的添加量为 0.5～2.0ng；提取内标：二噁英类内标物质（溶液），一般选择 ^{13}C 标记或 ^{37}Cl 标记化合物作为提取内标，每个样品的添加量一般为：四氯～七氯代化合物 0.4～2.0ng，八氯代化合物 0.8～4.0ng，并且以不超过定量线性范围为宜。进样内标：二噁英类内标物质（溶液），一般选择 ^{13}C 标记或 ^{37}Cl 标记化合物作为进样内标，每个样品的添加量为 0.4～2.0ng；标准溶液：指以壬烷（或癸烷、甲苯等）为溶剂配制的二噁英类标准物质与相应内标物质的混合溶液。标准溶液的质量浓度精确已知，且质量浓度序列应涵盖 HRGC-HRMS 的定量线性范围，包括 5 种不同的质量浓度梯度。过滤材料：采集环境空气样品使用石英纤维滤膜；采集废气样品使用玻璃纤维滤筒（或滤膜）或石英纤维滤筒（或滤膜）。

2. 实验仪器

环境空气二噁英类采样装置应按图 7-3 所示采样流程进行设计，过滤材料支架尺寸应与滤膜匹配，吸附材料容器应能够容纳 2 块 PUF，并保证系统的气密性。

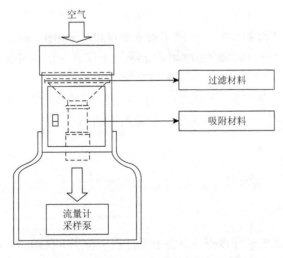

图 7-3　环境空气二噁英类采样装置示意图

过滤材料支架：起支撑作用，可以将作为过滤材料的滤膜不留缝隙地装上且不会损坏滤膜，并可以和吸附材料充填管连接。

吸附材料充填管：不锈钢或铝制，可容纳 2 块 PUF。

PUF：ϕ 90～100mm，厚 50～60mm，密度 0.016g/cm³。PUF 在直径上应比吸附材料充填管略大。

石英纤维滤膜：滤膜尺寸大小应与过滤材料支架匹配。

采样泵：进行高流速采样时，在装有滤膜的状态下，采样泵负载流量应能达到 800L/min，并具有流量自动调节功能，能够保证在 500～700L/min 的流量下连续采样；进行中等流速采样时，在装有滤膜的状态下，采样泵负载流量应能达到 400L/min，并具有流量自动调节功能，能够保证在 100～300L/min 的流量下连续长时间采样。

流量计：进行高流速采样时，可设定流量范围为 500～700L/min；进行中等流速采样时，可设定流量范围为 100～300L/min。流量计在环境空气二噁英类采样装置正常使用状态下使用标准流量计进行校准。推荐使用具有温度、压力校正功能的累积流量计。

3. 分析仪器

使用高分辨气相色谱-高分辨质谱法（HRGC-HRMS）对二噁英类进行分析。

高分辨气相色谱应具有下述功能：

（1）进样口：具有不分流进样功能，最高使用温度不低于 280℃，也可使用柱上进样或程序升温大体积进样方式。

（2）柱温箱：具有程序升温功能，可在 50～350℃温度区间内进行调节。

（3）毛细管色谱柱：内径 0.10～0.32mm，膜厚 0.10～0.25μm，柱长 25～60m。可对 2, 3, 7, 8-氯代二噁英类化合物进行良好的分离，并能判明这些化合物的色谱峰流出顺序。

（4）载气：高纯氢气，99.999%。

高分辨质谱仪：应为双聚焦磁质谱，并具有下述功能：

（1）具有气质联机接口。

（2）具有电子轰击离子源，电子轰击电压可在 25～70V 范围调节。

（3）具有选择离子检测功能，并使用锁定质量模式（lock mass）进行质量校正。

（4）动态分辨率大于 10000（10%峰谷定义，下同）并至少可稳定 24h 以上。当使用的内标包含 ¹³C₁₂-O₈CDF 时，动态分辨率应大于 12000。

（5）高分辨状态（分辨率＞10000）下能够在 1s 内重复监测 12 个选择离子。

（6）数据处理系统：能够实时采集、记录及存储质谱数据。

【实验方法与步骤】

1. 采样

（1）采样之前对现场进行调查。原则上采样点应位于开阔地带，距可能扰动环境空气流的障碍物至少 2m 以上。采样器应安装在距离地面 1.5m 以上的位置。为防止地面扬尘，可在设备附近铺设塑料布或其他隔离物。采样时间应尽量避开大风或下雨天气。

（2）将环境空气二噁英类采样装置运至采样点，连接采样装置并固定。使用实验室用无尘纸将采样装置内采集颗粒物和气溶胶部分的接口处擦干净。将装有 2 个 PUF 的吸附材料充填管安装到采样装置上，把滤膜放在滤膜架上，固定好。

（3）采样前添加采样内标，要求采样内标物质的回收率为 70%～130%，超过此范围要重新采样。

（4）启动采样装置，准备采样。首先设定采样流量，并开始采样。采样开始 5min 后再次调整流量并记录，在采样结束之前读取流量并记录。若使用累积流量计，则同时记录总采样体积。

（5）现场测量空气温度、湿度、风速、风向等参数，对采样点周围环境进行描述记录。若采样点周边存在污染源，还应记录污染源名称、排放情况、距离采样点位距离及方位等信息。若采样过程中出现装置故障或其他变化，则应详细记录故障或变化情况以及采取的措施和结果。条件允许时可对采样现场和周边环境拍摄照片。

（6）采样结束后尽量在阴暗处拆卸采样装置，避免外界的污染。将吸附材料充填管密封，装入密实袋中。滤膜采样面向里对折，用铝箔包好后装入密实袋中密封保存。样品应低温保存并尽快送至实验室分析。

2. 样品提取

（1）添加提取内标。一般情况下，应在样品进行提取处理前添加提取内标。如果样品提取液需要分割使用（如样品中二噁英类预期质量浓度过高，需要加以控制或者需要预留保存样），提取内标添加量则应适当增加。

（2）环境空气样品的提取。将滤膜放入索氏提取器中，用甲苯提取 16～24h，将 PUF 放入索氏提取器中，用丙酮提取 16～24h，将两部分提取液分别进行浓缩，溶剂换为正己烷，再次浓缩后合并，作为分析样品，进行净化处理。

（3）废气样品的提取。

①样品的洗出。a. 气相吸附柱：将气相吸附柱中的吸附材料全部倒入烧杯中，转移至洁净的干燥器中充分干燥。b. 滤筒（或滤膜）：将滤筒架中的滤筒（或滤膜）取出，用 2mol/L 盐酸处理滤筒（或滤膜）。转动滤筒（或滤膜）使烟尘与盐酸充分接触并观察发泡情况，必要时再添加盐酸，直到不再发泡为止。用布氏漏斗过滤盐酸处理液，并用水充分冲洗滤筒（或滤膜），再用少量甲醇（或丙酮）冲去水分。如滤筒架与滤筒（或滤膜）的连接部分有可见灰尘，用水将灰尘冲入布氏漏斗中。将冲洗好的滤筒（或滤膜）放入烧杯中转移至洁净的干燥器中充分干燥。c. 用水、甲醇（或丙酮）冲洗烟枪内壁，将灰尘冲入布氏漏斗中，充分抽滤至干后，将布氏漏斗中的玻璃纤维滤膜放入烧杯中转移至洁净的干燥器中充分干燥。经布氏漏斗过滤得到的处理液进行液液萃取。

②液液萃取。将采样时收集的冷凝水、冲洗液以及样品洗出时的处理液混合，按照每 1L 溶液加 100mL 二氯甲烷的比例，振荡萃取，重复 3 次，萃取液用无水硫酸钠脱水。

③样品提取。充分干燥后的吸附材料、滤筒（或滤膜）、滤纸以甲苯为溶剂进行索氏提取 16～24h。将该提取液和上述萃取液分别进行浓缩，将溶剂换为正己烷，再次浓缩后

合并作为分析样品，进行净化处理。可选择使用其他符合提取要求、满足本方法质量保证/质量控制要求的提取装置进行样品的提取。

④样品溶液的分割。可根据样品中二噁英类预期质量浓度的高低分别取 25%～100%（整数比例）的样品溶液作为分析样品，剩余样品溶液转移至棕色密封储液瓶中冷藏储存。

3. 仪器分析

高分辨气相色谱条件设定，选择适当操作条件来分离 2, 3, 7, 8-氯代二噁英类化合物，推荐条件如下：

进样方式：不分流进样 1μL。

进样口温度：270℃。

载气流量：1.0mL/min。

色质接口温度：270℃。

色谱柱：固定相 5%苯基 95%聚甲基硅氧烷，柱长 60m，内径 0.25mm，膜厚 0.25μm。

程序升温：初始温度 140℃，保持 1min 后以 20℃/min 的速度升温至 200℃，停留 1min 后以 5℃/min 的速度升温至 220℃，停留 16min 后以 5℃/min 的速度升温至 235℃后停留 7min，以 5℃/min 的速度升温至 310℃停留 10min。

【实验数据记录与处理】

1. 色谱峰确认

（1）进样内标的确认。分析样品中进样样标的峰面积应不低于标准溶液中进样内标峰面积的 70%，否则应查找原因，进行重新测定。

（2）色谱峰确认。在色谱峰上，对信噪比 S/N 大于 3 以上的色谱峰视为有效峰。

（3）峰面积。对上面确认的色谱峰进行面积的计算。

2. 定性

（1）二噁英类同类物。二噁英类同类物的两个监测离子在指定保留时间窗口内同时存在，且其离子丰度比与理论离子丰度比一致，相对偏差小于 15%，同时满足上述条件的定性为二噁英同类物质。

（2）2, 3, 7, 8-氯代二噁英类。除满足上述要求外，色谱峰的保留时间应与标准溶液一致（±3s 以内），同时内标物质的相对保留时间也与标准溶液一致（±0.5%以内）。同时满足上述条件的色谱峰定性为 2, 3, 7, 8-氯代二噁英类。

3. 定量

（1）采用内标法计算分析样品中被检出的二噁英类化合物的绝对量（Q），按公式计算 2, 3, 7, 8-氯代二噁英类的 Q，对于非 2, 3, 7, 8-氯代二噁英类，采用具有相同氯原子取代数的 2, 3, 7, 8-氯代二噁英类 RRF_{es} 均值计算。

$$Q = \frac{A}{A_{\text{es}}} \times \frac{Q_{\text{es}}}{\text{RRF}_{\text{es}}}$$

式中：Q 为分析样品中待测化合物的量，ng；A 为色谱图上待测化合物的监测离子峰面积之和；A_{es} 为提取内标的监测离子峰面积；Q_{es} 为提取内标的添加量，ng；RRF_{es} 为待测化合物相对提取内标的响应因子。

（2）回收率的确认。根据提取内标峰面积与进样内标峰面积的比值以及对应的相对响应因子（RRF_{rs}）均值，按照公式计算提取内标的回收率。

$$R = \frac{A_{\text{es}}}{A_{\text{rs}}} \times \frac{Q_{\text{rs}}}{\text{RRF}_{\text{rs}}} \times \frac{100\%}{Q_{\text{es}}}$$

式中：R 为提取内标回收率，%；A_{es} 为提取内标的监测离子峰面积；A_{rs} 为进样内标的监测离子峰面积之和；Q_{rs} 为进样内标的添加量，ng；RRF_{rs} 为提取内标相对于进样内标的响应因子；Q_{es} 为提取内标的添加量，ng。

【思考题】

1. 本实验中怎样进行质量控制和质量保证？
2. 实验废弃物该怎么处理？
3. 怎么尽可能规避实验风险？

实验 25　大气环境中多氯联苯污染物监测

【实验目的与意义】

1. 了解多氯联苯的来源和危害；
2. 掌握多氯联苯测定的方法原理；
3. 熟悉样品的采集、预处理过程等；
4. 掌握多氯联苯污染物浓度的计算方法。

【实验原理】

多氯联苯（PCBs）是联苯上含有 1～10 个氯原子的芳香族化合物，被称为二噁英类化合物。PCBs 是一种持久性有机污染物，它是已知的致畸引发剂，对皮肤、消化系统、神经系统、生殖系统、免疫系统等都有诱导效应。PCBs 在全球已于 20 世纪 70 年代停止生产和使用，目前大气环境中的 PCBs 主要来源于受其污染的废弃物的泄漏和挥发。此外，燃料燃烧过程、钢铁冶炼熔炉等都是大气颗粒物中 PCBs 的潜在释放源。

PCBs 在大气环境中的浓度很低，对检测要求比较高。PCBs 常用的测定方法和二噁英的监测方法类似，大气环境气相和颗粒物中的 PCBs 通过大流量采样泵采集于聚氨酯泡沫和玻璃纤维滤膜上，通过索氏提取、弗罗里硅土柱净化除去干扰，用气相色谱-质谱联用仪进行检测。

【实验试剂与仪器】

1. 试剂

（1）乙醚、丙酮、正己烷、无水硫酸。

（2）标准溶液：储备液（10～50mg/L），含 12 种多氯联苯。

（3）回收物示踪物：四氯间甲苯和十氯联苯混合液稀释至 400μg/L 备用。

（4）内标溶液：配制蒽-d_{10} 和菲-d_{12} 混合溶液 200mg/L 备用。

2. 仪器

采样器（能满足连续 24h 以 90～110L/min 的气流速度将环境空气抽吸到玻璃纤维膜和聚氨酯泡沫上），采样头（采样头由玻璃纤维滤膜固定架和吸附剂套筒两部分组成），流量校准装置，滤膜盒（用于保存滤膜在采样前和采样后不受沾污），玻璃砂芯采样筒（用于装吸附剂，采样时装入采样头上的吸附剂套筒中，其进气口与滤膜固定架连接，出气口与抽气泵段连接。采样后可直接放入脂肪提取器中回流提取），玻璃砂芯采样筒盒，脂肪提取器，旋转蒸发仪，恒温水浴，气相色谱-质谱联用仪。

【实验方法与步骤】

1. 样品采集

（1）玻璃纤维滤膜的前处理。使用前要在马弗炉中 400℃加热 5h。

（2）聚氨基甲酸乙酯泡沫的净化。首次使用前用蒸馏水清洗，再用丙酮置换、清洗，依次用丙酮、1∶9 的乙醚/正乙烷混合溶液回流提取，然后采用常温真空干燥或氮气干燥除去有机溶剂，用铝箔包好放于合适的容器内密封保存。重新使用时的聚氨酯泡沫采用 1∶9 的乙醚/正乙烷混合溶液回流提取即可。净化后，PUF 和玻璃纤维滤膜空白中 PCBs 小于 100ng。

（3）样品采集。采样装置由装有玻璃纤维滤膜（或石英纤维滤膜）的采样夹、装有 PUF 的采样筒和采样器组成。采样前要对采样器的流量进行校正，依次安装好采样夹、装有 PUF 的采样筒连接于采样器，调节采样流量大于 100L/min，记录采样开始、结束和中间点的流量，采样编号、采样时间、采样点位、滤膜和吸附剂筒编号及气象条件。采样结束后打开采样头上的滤膜夹，用镊子轻轻取下滤膜，采样面向里对折，放入原来的滤膜盒中，然后从吸附剂套筒中取出采样筒放入原来的盒中密封。

采样流速按下式计算：

$$Q_A = \frac{Q_1 + Q_2 + \cdots + Q_N}{N}$$

式中：Q_A 为平均流速，mL/min；Q_1、Q_2、$\cdots$、Q_N 为在采样开始、结束、中间点的流速，

mL/min；N 为采样时间内的分割点数，即 Q_1，Q_2，…，Q_N 的点数。

流量按下式计算：

$$V_m = \frac{(T_2 - T_1)Q_A}{1000}$$

式中：V_m 为在测定温度、压力下总的采样体积，L；T_2 为停止时间，min；T_1 为开始时间，min；$T_2 - T_1$ 为采样的时间，min。

在标准状态下（0℃，101.325kPa）下的采样总体积（V_s）按以下方程计算：

$$V_s = V_m \frac{p_A}{101.325} \times \frac{273.15}{273.15 + t_A}$$

式中：V_s 为 0℃、101.325kPa 标准状况下的采样总体积，L；V_m 为在测定温度、压力下的样品总体积，L；p_A 为平均气压，kPa；t_A 为平均环境温度，℃。

（4）样品的保存。样品采集后一周内完成提取。

2. 分析步骤

1）溶液的配制

（1）回收率指示物标准溶液的配制：推荐使用四氯间二甲苯和十氯联苯，或利用标准物质使用正己烷配制、用正己烷稀释至 400μg/L，每个样品中放入 0.1mL。

（2）标准系列的配制：取一定量多氯联苯标准溶液和标准替代物溶液于正己烷中，配制标准系列，浓度见表 7-5，冷藏避光存放。

表 7-5　多氯联苯标准系列　　　　　　　　　　　单位：mg/L

化合物名称	储备液浓度	标准曲线				
		1	2	3	4	5
四氯间二甲苯（TCX）（回收率示踪物 1）	10	0.01	0.05	0.10	0.50	1.00
2-氯联苯	10	0.01	0.05	0.10	0.50	1.00
2, 3-二氯联苯	10	0.01	0.05	0.10	0.50	1.00
2, 4, 5-三氯联苯	10	0.01	0.05	0.10	0.50	1.00
2, 2′, 4, 6-四氯联苯	20	0.02	0.10	0.20	1.00	2.00
3, 3′, 4, 4′-四氯联苯（保留时间窗口标）	20	0.02	0.10	0.20	1.00	2.00
2, 2′, 4, 6, 6′-五氯联苯（保留时间窗口标）	20	0.02	0.10	0.20	1.00	2.00
2, 2′, 3, 4, 5-五氯联苯	20	0.02	0.10	0.20	1.00	2.00
2, 2′, 4, 4′, 5, 6′-六氯联苯	20	0.02	0.10	0.20	1.00	2.00
2, 2′, 3, 4′, 5, 6, 6′-七氯联苯	30	0.03	0.15	0.30	1.50	3.00
2, 2′, 3, 3′, 4, 5′, 6, 6′-八氯联苯	30	0.03	0.15	0.30	1.50	3.00
2, 2′, 3, 3′, 4, 5, 5′, 6, 6′-九氯联苯（保留时间窗口标）	40	0.04	0.20	0.40	2.00	4.00
十氯联苯（回收率示踪物 2）	50	0.05	0.25	0.50	2.50	5.00
内标						
蒽-d$_{10}$	0.1	0.1	0.1	0.1	0.1	0.1
菲-d$_{12}$	0.1	0.1	0.1	0.1	0.1	0.1

2）样品的提取、净化和浓缩

（1）样品提取：将玻璃纤维滤膜和 PUF 玻璃采样筒同时放在索氏提取器中，在 PUF 上加 0.1mL 回收率指示物溶液，用 1∶9 乙醚/正己烷回流提取 8h 以上，回流完毕，冷却至室温，取出底瓶，清洗接口处，加入少许无水硫酸钠脱水后，将提取液转移入浓缩瓶中，于 45℃水浴在有机样品浓缩仪中浓缩至 1.0mL 以下，加入内标，定容备用。如需净化，提取液浓缩至 1mL 时，加入 5～10mL 正己烷，继续浓缩，并重复进行一次，将溶剂换为正己烷。

（2）样品净化：弗罗里硅土小柱依次用丙酮、正己烷活化，将 1mL 浓缩液移入小柱，并用少许正己烷溶液洗涤浓缩瓶、接收流出液，并用 1∶9 丙酮/正己烷继续洗脱，接收洗脱液至 10mL，再用氮吹仪浓缩至 1.0mL 以下。加入内标，定容，然后进行分析。

3）色谱条件

色谱柱：DB-5MS（30m×0.25μm×0.25mm）；载气：氦气，流速 1.0mL/min；进样口温度：225℃；无分流进样（0.75min 后分流 60mL/min）；进样量：2μL；柱温 110℃（保持 2min），以 8℃/min 升至 280℃保持 5min。

4）质谱条件

EI 离子源温度：230℃；传输线温度：280℃；溶剂延迟时间：8min；扫描方式：选择离子扫描（SIM）（扫描程序见表 7-6）。

表 7-6　选择离子扫描程序

组别	时间	化合物名称	定量离子	定性离子
第一组	8min 一氯联苯出峰之前	四氯间二甲苯（替代标）	207	244
		蒽-d$_{10}$（内标）	188	
		一氯联苯	188	190
		二氯联苯	222	224
		三氯联苯	256	238
		四氯联苯	292	290，294
第二组	15.30min 2, 2′, 4, 6, 6′-五氯联苯出峰之前	三氯联苯	256	238
		四氯联苯	292	290，294
		五氯联苯	326	324，328
		六氯联苯	360	338，358
第三组	18.10min 3, 3′, 4, 4′-四氯联苯出峰之前	五氯联苯	326	334，328
		六氯联苯	360	338，382
		七氯联苯	394	332，396
		八氯联苯	430	428，432
第四组	22.70min 2, 2′, 3, 3′, 4, 5, 5′, 6, 6′-九氯联苯出峰之前	苝-d$_{12}$（内标）	240	
		七氯联苯	394	392，396
		八氯联苯	430	428，432
		九氯联苯	464	480，482，488
		十氯联苯（替代标）	498	494，496，500

5）色谱检测

（1）标准曲线绘制：至少配制 3 个不同浓度的标准溶液，3 个浓度的标准溶液的响应因子的相对标准偏差低于 20%，每天要使用中间浓度的标准溶液对曲线进行检查，响应因子与曲线绘制时平均响应因子的相对偏差小于 15%。

相对响应因子的计算公式：

$$RF = \frac{A_s c_{is}}{A_{is} c_s}$$

式中：RF 为相对响应因子；A_s 为标准溶液中待测化合物的特征离子峰面积；A_{is} 为内标化合物的特征离子峰面积；c_{is} 为内标化合物的浓度，mg/L；c_s 为标准溶液中多氯联苯的浓度，mg/L。

（2）标准谱图：DB-5MS 色谱柱标准谱图可查相关资料。

【 实验数据记录与处理 】

表 7-7 中的化合物代表了不同含氯量的多氯联苯，2, 2′, 4, 6, 6′-五氯联苯、3, 3′, 4, 4′-四氯联苯、2, 2′, 3, 3′, 4, 5, 5′, 6, 6′-九氯联苯分别为 5%苯基甲基硅酮气相色谱柱测定时五氯联苯中最先出峰化合物、四氯联苯中最晚出峰化合物、九氯联苯中最先出峰化合物，根据选择离子扫描程序和 3 个窗口标的保留时间确定不同含氯量的多氯联苯的时间范围，时间范围外的为非定量色谱峰。在时间范围内的多氯联苯异构体，对象物质的定量离子和定性离子峰的相对强度与标准曲线记录的相对强度相差 20%以内，则认为该化合物存在。由于含氯量相同的多氯联苯异构体与其他含氯量的多氯联苯的流出范围重复，所以在定性时要注意脱氯的碎片离子（M-70）。

表 7-7　定量用多氯联苯保留时间

化合物名称	保留时间/min	备注
2-氯联苯	8.91	
四氯间二甲苯（TCX）（回收率示踪物 1）	10.68	
2, 3-二氯联苯	11.83	
蒽-d$_{10}$（内标）	13.00	
2, 4, 5-三氯联苯	13.75	
2, 2′, 4, 6-四氯联苯	14.11	
2, 2′, 4, 6, 6′-五氯联苯（保留时间窗口标）	15.40	五氯联苯中最先出峰化合物
2, 2′, 3, 4, 5-五氯联苯	17.73	
2, 2′, 4, 4′, 5, 6′-六氯联苯	17.96	
3, 3′, 4, 4′-四氯联苯（保留时间窗口标）	17.97	四氯联苯中最晚出峰化合物
2, 2′, 3, 4′, 5, 6, 6′-七氯联苯	18.93	
䓛-d$_{12}$（内标）	20.70	
2, 2′, 3, 3′, 4, 5′, 6, 6′-八氯联苯	20.98	
2, 2′, 3, 3′, 4, 5, 5′, 6, 6′-九氯联苯（保留时间窗口标）	22.79	九氯联苯中最先出峰化合物
十氯联苯（回收率示踪物 2）	24.87	

含氯量相同的多氯联苯的定量离子的离子强度没有大的差别,用标准溶液中含氯量相同的异构体的平均相对响应因子来定量。

计算公式为

$$c = \frac{A \times V \times DF}{\overline{RF} \times V_s}$$

式中:c 为样品中多氯联苯的浓度,mg/m^3;A 为待测化合物的定量离子峰面积;$\overline{RF}$ 为平均相对响应因子;V 为样品的浓缩体积,mL;V_s 为标准状态下的采样体积,L;DF 为稀释因子。

相对响应因子的计算公式:

$$RF = \frac{A_s}{c_s}$$

式中:RF 为相对响应因子;A_s 为标准溶液中待测化合物的色谱峰面积;c_s 为标准溶液中多氯联苯的浓度。

【思考题】

1. 怎样尽可能地规避实验风险?
2. 如何进行现场空白分析?
3. 如何进行标准曲线检查?

实验 26　大气环境中芳香烃类污染物监测

【实验目的与意义】

1. 了解大气中芳香烃类污染物来源;
2. 理解具体的芳香烃类污染物的监测方法;
3. 掌握气相色谱法的分离和测定原理。

【实验原理】

芳香烃类化合物也可称为苯系化合物,它的来源主要有化工、炼油、炼焦等工业废水和废弃物,由于它的种类很多,一般主要测定的是苯、甲苯、乙苯、二甲苯等化合物。苯、甲苯、乙苯、二甲苯都是无色、有芳香味、有挥发性、易燃的液体,微溶于水,易溶于乙醚、乙醇、氯仿和二硫化碳等有机溶剂,在空气中是以蒸气状态存在的。

对于多个苯系化合物,目前广泛采用气相色谱法进行测定,特点是可以同时测定,灵敏度高。它的方法原理为,用活性炭吸附采样管富集空气中苯、甲苯、乙苯、二甲苯等,加二硫化碳解吸,经 DNP + Bentane 色谱柱分离,用火焰离子化检测器测定,以保留时间定性,峰高(或峰面积)外标法定量。

该方法检出限:苯 1.25ng,甲苯 1.00ng,二甲苯(包括邻、间、对)及乙苯均为 2.50ng。

当采样体积为 100L 时，最低检出浓度：苯为 0.005mg/m³，甲苯为 0.004mg/m³，二甲苯（包括邻、间、对）及乙苯均为 0.010mg/m³。

【实验试剂与仪器】

1. 试剂

（1）苯、甲苯、乙苯、邻二甲苯、对二甲苯、间二甲苯均为色谱纯试剂。

（2）二硫化碳：使用前须纯化，并经色谱检验。进样 5μL，在苯与甲苯之间不出峰才可使用。

2. 仪器

（1）容量瓶：5mL、100mL。

（2）无分度吸管：1mL、5mL、10mL、15mL 和 20mL。

（3）微量注射器：10μL。

（4）气相色谱仪：具火焰离子化检测器。

色谱柱：长 2m，内径 3mm 不锈钢柱，柱内填充涂覆 2.5% DNP 及 2.5% Bentane 的 Chromosorb W HP DMCS（80～100 目）。

（5）空气采样器，0～1L/min。

（6）活性炭吸附采样管：取长 10cm、内径 6mm 玻璃管，洗净烘干，每个玻璃管内装 20～50 目颗粒活性炭 0.5g（活性炭应预先在马弗炉内经 350℃灼烧 3h，放冷后备用），分 A、B 两段，中间用玻璃棉隔开，如图 7-4 所示。

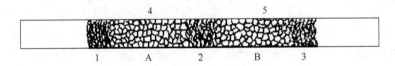

图 7-4　活性炭吸附采样管

1、2、3. 玻璃棉；4、5. 颗粒活性炭

【实验方法与步骤】

1. 采样

用乳胶管连接采样管 B 端与空气采样器的进气口。A 端垂直向上，处于采样位置。以 0.5L/min 流量，采样 100～400min。采样后，用乳胶管将采样管两端套封，样品放置不能超过 10 天。

2. 标准曲线的绘制

1）苯系物标准储备液的配制

分别吸取苯、甲苯、乙苯、二甲苯各 10.0μL 于装有 90mL 经纯化的二硫化碳的 100mL

容量瓶中，用二硫化碳稀释至标线，再取上述标液 10.0mL 于装有 80mL 纯化过的二硫化碳的 100mL 容量瓶中，并稀释至标线。此储备液每毫升含苯 8.8μg，乙苯 8.7μg，甲苯 8.7μg，对二甲苯 8.6μg，间二甲苯 8.7μg，邻二甲苯 8.8μg；其计算公式如下

$$c_{苯} = \frac{10}{10^5} \times \frac{10}{100} \times 0.88 \times 10^6 = 8.8 \ (\mu g/mL)$$

式中：0.88 为苯的密度，g/mL。此储备液在 4℃可保存一个月。

2）色谱条件

柱温：64℃；气化室温度：150℃；检测室温度：150℃。

载气：氮气，流量 50mL/min；燃气：氢气，流量 46mL/min；助燃气：空气，流量 320mL/min。

3）标准曲线的绘制

分别取苯系物各个品种储备液 0mL、5.0mL、10.0mL、15.0mL、20.0mL、25.0mL 于 100mL 容量瓶中，用纯化过的二硫化碳稀释至 100mL，摇匀。具体浓度如表 7-8 所示。

表 7-8　苯系物各品种不同浓度的配制表

项目	编号					
	0	1	2	3	4	5
苯、邻二甲苯标准储备液体积/mL	0	5.0	10.0	15.0	20.0	25.0
稀释至100mL后的浓度/（μg/mL）	0	0.44	0.88	1.32	1.76	2.20
甲苯、乙苯、间二甲苯标准储备液体积/mL	0	5.0	10.0	15.0	20.0	25.0
稀释至100mL后的浓度/（μg/mL）	0	0.44	0.87	1.31	1.74	2.18
对二甲苯标准储备液体积/mL	0	5.0	10.0	15.0	20.0	25.0
稀释至100mL后的浓度/（μg/mL）	0	0.43	0.86	1.29	1.72	2.15

另取 6 个 5mL 容量瓶，各加入 0.25g 颗粒活性炭及 0～5 号的苯系物标液 2.00mL，振荡 2min，放置 20min 后，在上述色谱条件下，各进样 5μL。测定标样的保留时间及峰高（或峰面积），以峰高（或峰面积）对含量绘制标准曲线。

3. 样品测定

将采样管 A 段和 B 段活性炭，分别移入两个 5mL 容量瓶中，加入纯化过的二硫化碳 2.00mL，振荡 2min。放置 20min 后，吸取 5.0μL 解吸液注入色谱仪，记录保留时间和峰高（或峰面积），以保留时间定性，峰高（或峰面积）定量。

【实验数据记录与处理】

按下式计算苯系物各成分浓度：

$$c_i = \frac{W_1 + W_2}{V_n}$$

式中：c_i 为苯系物各成分的浓度，mg/m³；W_1 为 A 段活性炭解吸液中苯系物的含量，μg；W_2 为 B 段活性炭解吸液中苯系物的含量，μg；V_n 为标准状况下的采样体积，L。

【思考题】

1. 实验中要注意取样和进样量的准确性，为什么？如果是用内标法呢？
2. 在测定芳香烃类化合物时，是否还有其他采样方法？各有哪些优缺点？

实验 27　大气环境中激素类污染物监测

【实验目的与意义】

1. 了解环境激素类污染物的种类和危害；
2. 理解激素类污染物的监测方法；
3. 掌握液相色谱-质谱联用技术检测大气环境中激素类污染物的方法。

【实验原理】

　　环境激素类污染物也称内分泌干扰物，它进入人体后，会激活或抑制内分泌系统的功能，干扰体内正常内分泌物质的合成、释放、转运、代谢和结合等过程，从而破坏内分泌系统维持和调节机体内环境平衡的作用。环境激素总体上可分为两大类：农药类和工业化合物类，其中大多数为有机化合物。农药类约占 60%，包括除草剂、杀虫剂、杀真菌剂、熏蒸剂等；工业化合物类包括树脂原料及增塑剂、表面活性剂降解物、绝缘油、防腐剂、阻燃剂、工业副产品及其他重金属。环境激素类污染物毒性持久且协同效应强，危害潜伏期长、范围广，直接威胁人类生存。

　　大气环境中激素类污染物的检测方法，主要分为样品前处理和检测分析两大部分。但目前其操作面临着环境基质复杂和检测限低的难题。环境激素的检测方法可分为气相色谱法、气相色谱-质谱联用法、高效液相色谱法、毛细管电泳法、生物学分析法等。高效液相色谱（HPLC）法用于检测一些极性、非挥发性的环境激素类污染物时优于气相色谱法。它无须费时耗力的衍生化步骤，尤其与电化学检测器、荧光检测器和质谱（MS）联用时，更具有高选择性、高灵敏性和高精密度等特点。

　　激素类化合物的种类很多，本实验主要针对烷基酚和除草剂，如双酚-A、2,4-二氯苯酚、五氯酚、2,4,5-涕、2,4-聚酰胺（2,4-PA）、杀草强、阿特拉津、甲草胺、灭多威、甲氧滴滴涕、4-辛基酚、壬基酚、开蓬、嗪草酮、禾穗宁、灭锈胺等，并采用液相色谱-质谱联用技术进行分析。

【实验试剂与仪器】

1. 试剂

乙腈、高纯氮、双酚-A。

2. 仪器

吸附管、采样泵、气体流量计、注射器筒、过滤器、液相色谱。

【实验方法与步骤】

1. 样品采集萃取

使用 Waters 公司的 SEPPAK 和 PS-2 吸附管采集空气中的环境激素类污染物（图 7-5）。吸附管使用前，用 5mL 乙腈洗脱干净，再用高纯氮干燥。采样时，以 0.7L/min 的流量采集空气样品 24h。采样结束后采样管两端用密封塞盖好，保存在冰箱冷藏室中。

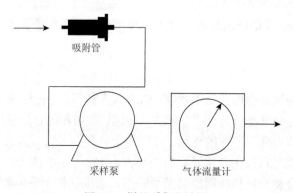

吸附管

采样泵　　　　气体流量计

图 7-5　样品采集方法图

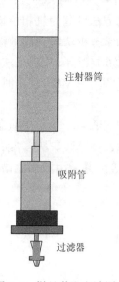

注射器筒

吸附管

过滤器

图 7-6　样品萃取方法图

将氘标记双酚-A 溶解于乙腈中，配制成 1μg/mL 的溶液作为内标溶液。如图 7-6 所示，将吸附管下端接过滤器、上端接注射器筒，用 2mL 乙腈洗脱并收集。以同样的方法处理未使用的吸附管，作为空白实验溶液。

2. 样品分析

采用 LC-MS 法。

1）液相色谱条件

色谱柱：Waters Symmetry C_{18}/3.5μm×2.1mm×50mm（ODS），Shodex Asahipack $GF_3$10HQ$_4$D 3.5μm×4.6mm×150mm（GF）；流动相：50%乙腈/水（3min）→100%乙腈（20min），0.3mL/min（中性），5% CH_3CN/5mmol/L CH_3COONH_4（3min）→100%乙腈（25min），0.3mL/min，添加乙酸至 pH 4（酸性）；柱温：30℃；进样器：10μL。

2）质谱条件

离子化方式：ESI。

【实验数据记录与处理】

1. 样品浓度的计算

大气样品中激素类各成分浓度（μg/m³）按照下式进行计算：

$$c = (W - W_b) \times \frac{273.15 + t}{V \times 273.15} \times \frac{101.325}{p}$$

式中：W 为由定量校正曲线求出的待测化合物质量，ng；W_b 为空白实验溶液中待测化合物质量，ng；t 为采样时的平均气温，℃；V 为采样体积，L；p 为采样时的气压，kPa。

2. 添加回收率的计算

将添加有标准溶液的吸附管与无添加标准溶液的吸附管同日放在同一采样点，采集 1000L 大气样品，进行相同的样品前处理和检测分析，由其定量结果的差值求出添加回收率。

【思考题】

1. 本实验采用内标法的优势是什么？
2. 使用高效液相色谱法准确测定环境样品时应注意什么？

实验 28 大气环境中有机农药污染物监测

【实验目的与意义】

1. 了解有机农药污染物的种类和危害；
2. 理解有机农药污染物的监测方法；
3. 掌握溶剂解吸-气相色谱法测定大气环境中有机农药污染物的方法。

【实验原理】

农药按其化学组成可分为：有机氯农药和有机磷农药。有机氯农药的监测方法与上述多氯联苯的监测相似。这里主要介绍有机磷农药，它是一类含磷的有机化合物，是磷酸的衍生物，属于磷酸酯类化合物，如久效磷、甲拌磷、对硫磷、亚胺硫磷、甲基对硫磷、倍硫磷、敌敌畏、乐果、氧化乐果、杀螟松、异稻瘟净等。有机磷农药经皮肤、呼吸道或消化道进入人体后，主要对胆碱酯酶产生抑制作用，以致乙酰胆碱的积累干扰了神经传导，引起一系列的中毒症状。

大气环境中的久效磷、甲拌磷、对硫磷、亚胺硫磷、甲基对硫磷、倍硫磷、敌敌畏、乐果、氧化乐果、杀螟松、异稻瘟净等有机磷农药用溶剂解吸-气相色谱法测定。该方法的原理为，这 11 种有机磷农药以硅胶管或聚氨酯泡沫塑料管采集，溶剂解吸后进样，经色谱柱分离，火焰光度检测器检测，以保留时间定性，峰高或峰面积定量。

【实验试剂与仪器】

1. 试剂

丙酮、苯、无水甲醇等。

2. 仪器

硅胶管：溶剂解吸型，内装 600mg/200mg 硅胶（用于氧化乐果、杀螟松、异稻瘟净、久效磷、甲基对硫磷、倍硫磷和乐果）。

聚氨酯泡沫塑料管：在长 60mm、内径 10mm 的玻璃管内，装两段聚氨酯塑料泡沫圆柱，其间间隔 2mm。聚氨酯泡沫塑料圆柱高 20mm，直径 12mm。使用前，先用洗涤剂洗净，用甲醇浸泡过夜，再用蒸馏水洗净，用滤纸吸干后，于 60～80℃烘干，装入玻璃管内待用（用于敌敌畏、对硫磷和甲拌磷）。

气相色谱仪：配火焰光度检测器，526nm 磷滤光片。

【实验方法与步骤】

1. 溶剂解吸

将采过样的前后段硅胶分别倒入溶剂解吸瓶中，加入 2.0mL 丙酮（用于氧化乐果、杀螟松、异稻瘟净、久效磷、甲基对硫磷、倍硫磷等）或 2.0mL 丙酮-苯混合液（用于乐果），封闭后，振摇 1min，解吸 30min。解吸液供测定。

将采过样的两段聚氨酯泡沫塑料分别放入溶剂解吸瓶中，加入 2.0mL 无水甲醇，用玻璃棒将聚氨酯泡沫塑料加入无水甲醇中，解吸 30min。解吸液供测定。

2. 样品分析

用相应的解吸液稀释标准溶液配成各目标化合物的标准系列。参照气相色谱仪操作条件，分别进样 1.0mL，测定各标准系列。每个浓度重复测定三次。以测得的峰高或峰面积均值对相应的待测物浓度（mg/mL）绘制标准曲线。

每种有机磷农药的具体色谱参数如表 7-9 所示。

表 7-9 有机磷农药的具体色谱操作参数

化合物	色谱柱编号	柱温/℃	气化室温度/℃	检测室温度/℃	载气流量/（mL/min）
杀螟松	1	200	250	250	60
甲基对硫磷	1	200	240	240	60
亚胺硫磷	1	200	240	240	60

续表

化合物	色谱柱编号	柱温/℃	气化室温度/℃	检测室温度/℃	载气流量/（mL/min）
敌敌畏	1	150	180	180	60
对硫磷	1	220	240	240	60
甲拌磷	1	220	240	240	60
乐果	1	200	240	240	60
倍硫磷	1	210	270	240	60
氧化乐果	2	140	170	170	70
异稻瘟净	3	200	220	230	50
久效磷	4	190	230	230	90

注：色谱柱 1：1.5m×3mm, SE-30：QF-1：Chromosorb WAW DMCS ＝ 3：2：100；色谱柱 2：2m×3mm, EGA：Chromosorb WAW DMCS ＝ 5：100；色谱柱 3：2m×3mm, OV-17：Chromosorb WAW DMCS ＝ 2：100；色谱柱 4：0.8m×3mm, OV-210：Gas chrom Q ＝ 2：100。

用测定标准系列的操作条件测定样品和空白对照的解吸液。

3. 注意事项

（1）采样器在采样前或采样过程中如流量波动范围较大时，需进行流量校正。

（2）每次采样时应做一个空白过程。

（3）每次采样，样品在 10 个样品之内和每 10 个样品应做一个平行样，平行样的偏差应≤25%。

【实验数据记录与处理】

测得的样品峰高或峰面积值减去空白对照的峰高或峰面积值后，由标准曲线得相应待测物的浓度（μg/mL）。按下式计算空气中的待测有机磷农药的浓度。

$$\rho = \frac{2(c_1 + c_2)}{DV_{\mathrm{nd}}}$$

式中：ρ 为空气中待测有机磷农药的浓度，mg/m^3；c_1、c_2 分别为测得前、后段解吸液中待测有机磷农药的浓度，μg/mL；2 为解吸液的体积，mL；V_{nd} 为标准采样体积，L；D 为解吸效率，%。

【思考题】

1. 硅胶和聚氨酯泡沫塑料在采样过程中起什么作用？

2. 每种有机磷农药的解吸效果如何？

3. 比较各有机磷农药化合物的检出限和测定范围。

实验 29　大气环境中醛类污染物监测

【实验目的与意义】

1. 了解大气环境中醛类污染物的种类和危害；
2. 熟悉醛类污染物的具体监测方法；
3. 掌握高效液相色谱法监测大气环境中醛类污染物的方法。

【实验原理】

醛类污染物基本可分为相对分子质量低的醛和相对分子质量高的醛，分别以气态存在空气中或吸附在大气颗粒物中。醛类化合物具刺激性、催泪性，对眼结膜的刺激性强，如呋喃甲醛浓度高时能引起炎症，形成肺水肿，刺激中枢神经痉挛。

醛类污染物的检测方法主要有分光光度法、微分脉冲极谱法、高效液相色谱法和气相色谱法，相对分子质量高的醛类化合物一般采用气相、液相与质谱联用的分析技术。

本实验采用高效液相色谱法测定大气环境中的醛类污染物，该法适用于环境空气中的 11 种醛类化合物，如甲醛、乙醛、丙烯醛、丙醛、丁烯醛、甲基丙烯醛、正丁醛、苯甲醛、戊醛、间甲基苯甲醛和己醛。基本方法原理为，选择充填了涂渍 2,4-二硝基苯肼（DNPH）硅胶的填充柱采样管，采集一定体积的空气样品，样品中的醛酮组分保留在采样管中。醛酮组分在强酸作为催化剂的条件下与涂渍于硅胶上的 DNPH 反应，按照下面的反应式生成稳定有色的腙类衍生物，经乙腈洗脱后，使用高效液相色谱仪的紫外（360nm）或二极管阵列检测器检测，以保留时间定性，峰高或峰面积定量。

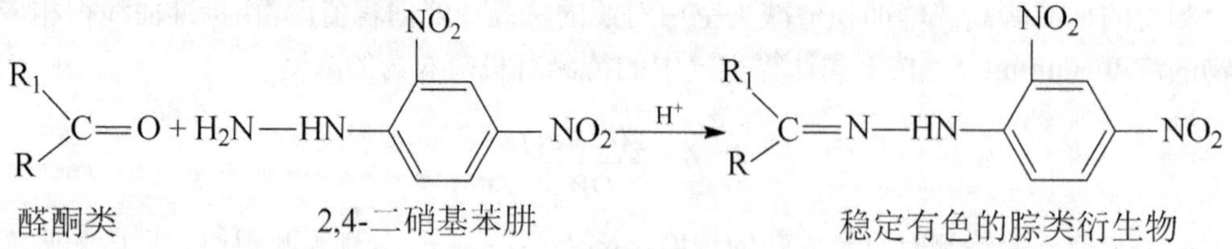

注：R 和 R_1 是烷基或芳香基团（酮）或氢原子（醛）。

当采样体积为 0.05m³ 时，本方法的检出限为 0.28～1.69μg/m³，测定下限为 1.12～6.76μg/m³。

【实验试剂与仪器】

1. 试剂

（1）乙腈（CH₃CN）：液相色谱纯。甲醛的浓度应小于 1.5μg/L。避光保存。

（2）空白试剂水：去离子水，经检验，醛含量低于方法检出限才能使用。

（3）标准储备液：$\rho = 100\mu g/mL$。

直接购买市售有证的醛类 2,4-二硝基苯腙衍生物标准溶液，或用市售固体标样配制，质量浓度以醛类化合物计。避光保存，开封后密闭 4℃低温保存，可保存 2 个月。

（4）标准使用液：$\rho = 10\mu g/mL$。

量取 1.0mL 标准储备液于 10mL 容量瓶中，用乙腈稀释至刻度，混匀。

（5）DNPH 采样管：涂渍 DNPH 的填充柱采样管，市售商品化产品，一次性使用。填料：1000mg，粒径 10μm。采样管应避光低温（<4℃）保存，并尽量减少保存时间以免空白值过高。

（6）臭氧去除柱：市售商品化产品，一次性使用。填充粒状碘化钾，当含臭氧的空气通过该装置时，碘离子被氧化成碘，同时消耗其中的臭氧。

（7）一次性注射器：5mL 医用无菌注射器。

（8）针头过滤器：0.45μm 有机滤膜。

2. 仪器

（1）恒流气体采样器：恒流气体采样器的流量在 200～1000mL/min 范围内可调，流量稳定。当用采样管调节气体流速并使用一级流量计（如一级皂膜流量计）校准流量时，流量应满足前后两次误差小于 5% 的要求。

（2）高效液相色谱仪：具有紫外检测器或二极管阵列检测器和梯度洗脱功能。

（3）色谱柱：C_{18}柱，4.60mm×250mm，粒径为 5.0μm，或其他等效色谱柱。

【实验方法与步骤】

1. 样品的采集

（1）样品采集系统一般由恒流气体采样器、采样导管、DNPH 采样管等组成。

（2）采样流量 0.2～1.0L/min，采气体积 5～100L。

2. 样品的运输和保存

采样管应使用密封帽将两端管口封闭，并用锡纸或铝箔将采样管包严，低温（<4℃）保存与运输。如果不能及时分析，应保存于低温（<4℃）下，时间不超过 30 天。

3. 试样的制备

加入乙腈洗脱采样管，使乙腈自然流过采样管，流向应与采样时气流方向相反。将洗脱液收集于 5mL 容量瓶中用乙腈定容，用注射器吸取洗脱液，经过针头过滤器过滤，转移至 2mL 棕色样品瓶中，待测。过滤后的洗脱液如不能及时分析，可在 4℃条件下避光保存 30 天。

4. 空白试样的制备

1）全程空白

每次采样时应至少带一个全程空白，即将采样管带到现场，打开其两端，不进行采样，持续一个采样周期，然后同采样的采样管一样密封，带到实验室。按照与试样制备相同步骤制备空白试样。

2）空白采样管

在实验室内取同批采样管按照与试样制备相同步骤制备空白试样。

5. 样品分析

1）参考色谱条件

流动相：乙腈/水。梯度洗脱，60%乙腈保持 20min，20～30min 内乙腈从 60%线性增至 100%，30～32min 内乙腈再减至 60%，并保持 8min。

检测波长：360nm；流速：1.0mL/min；进样量：20μL。

2）校准

（1）标准系列的制备。分别量取 100μL、200μL、500μL、1000μL 和 2000μL 的标准使用液于 10mL 容量瓶中，用乙腈定容，混匀。配制成浓度为 0.1μg/mL、0.2μg/mL、0.5μg/mL、1.0μg/mL、2.0μg/mL 的标准系列。

（2）校准曲线的绘制。通过自动进样器或样品定量环量取 20.0μL 标准系列，注入液相色谱，按照参考色谱条件进行测定，以色谱响应值为纵坐标，浓度为横坐标，绘制校准曲线。校准曲线的相关系数≥0.995，否则重新绘制校准曲线。

3）定性分析

根据标准色谱图各组分的保留时间定性。用作定性的保留时间窗口宽度以当天测定标样的实际保留时间变化为基准。若使用二极管阵列检测器检测，还可用光谱图特征峰来辅助定性。

4）定量分析

采用色谱峰面积外标法定量。

5）空白测定

量取 20.0μL 空白试样按照参考色谱条件进行测定。

6. 注意事项

大气中臭氧浓度较高时，会影响醛类污染物的采样效率，使测定结果偏低。

【实验数据记录与处理】

环境空气样品中的醛类化合物浓度 ρ，按照下式进行计算。

$$\rho = \frac{\rho_1 \times V_1}{V_s}$$

式中：ρ 为样品中醛类化合物的质量浓度，mg/m³；ρ_1 为从校准曲线上查得醛类化合物的浓度，μg/mL；V_1 为洗脱液定容体积，mL；V_s 为标准状态下（101.325kPa，273.15K）的采样体积，L。

结果表示：当测定值小于 10.0μg/m³ 时，结果保留至小数点后两位；当测定值≥10.0μg/m³ 时，结果保留三位有效数字。

【思考题】

1. 臭氧易与衍生剂 DNPH 及衍生后的腙类化合物反应，影响测量结果，如何消除此类干扰？
2. 实验分析过程中如何实现质量保证与质量控制？
3. 实验过程中的废弃物应如何处理？

实验 30　大气环境中酮类污染物监测

【实验目的与意义】

1. 了解大气环境中酮类污染物的种类和危害；
2. 熟悉酮类污染物的具体监测方法；
3. 掌握高效液相色谱法监测大气环境中酮类污染物的方法。

【实验原理】

酮类化合物对皮肤和气管黏膜的刺激比醛类小，但麻醉性较强。脂肪酮比芳香族酮毒性大，随着相对分子质量的增大或存在不饱和键时毒性增加，分子中引入卤原子时刺激性增强。丙酮是最常见的一种酮类化合物，呈无色透明液状，并且易挥发，化学性质活泼。当空气中丙酮含量（体积分数）达 2.55%～12.80%时，具有爆炸性。丙酮的毒性主要表现为对中枢神经系统的麻醉作用，长期吸入低浓度的丙酮，能引起头痛、失眠、不安、食欲减退和贫血。

环境空气中的酮类化合物监测方法与醛类化合物相似，如分光光度法、气相色谱法以及实验 29 采用的 DNPH 衍生法等。本实验采用溶剂解吸-气相色谱法，该法适用于环境空气中的多种酮类化合物，如丙酮、丁酮和甲基异丁基甲酮等。基本方法原理为，空气中的丙酮、丁酮或甲基异丁基甲酮用活性炭管采集，二硫化碳解吸后进样，经色谱柱分离，氢火焰离子化检测器检测，以保留时间定性，峰高或峰面积定量。

【实验试剂与仪器】

1. 试剂

二硫化碳、丙酮、丁酮、甲基异丁基甲酮等。

2. 仪器

气相色谱仪。

【实验方法与步骤】

1. 标准曲线的绘制

1）色谱条件

色谱柱：2m×4mm，FFAP：6201 担体＝10：100；柱温 90℃，汽化室温度 140℃，检测温度 160℃；载气（氮气）流量为 30mL/min。

2）绘制标准曲线

用二硫化碳稀释丙酮、丁酮、甲基异丁基甲酮的标准溶液，形成标准系列。参照仪器操作条件，分别进样 1.0μL，测定各标准系列。每个浓度重复测定 3 次。以测得的峰高或峰面积均值分别对丙酮、丁酮或甲基异丁基甲酮浓度（μg/mL）绘制标准曲线。

2. 样品测定

1）样品解吸

将采过样的活性炭管中前、后段活性炭分别倒入溶剂解吸瓶中，各加入 1.0mL 二硫化碳，封闭后，振摇 1min，解吸 30min。摇匀，解吸液供测定。

2）样品分析

用测定标准系列的操作条件测定样品和空白样的解吸液。测得的样品峰高或峰面积值减去空白对照的峰高或峰面积值后，由标准曲线得丙酮、丁酮或甲基异丁基甲酮的浓度。

【实验数据记录与处理】

按下式计算空气中丙酮、丁酮或甲基异丁基甲酮的浓度：

$$\rho = \frac{(c_1 + c_2)V}{DV_{nd}}$$

式中：ρ 为空气中丙酮、丁酮或甲基异丁基甲酮的浓度，mg/m³；c_1、c_2 分别为测得前、后段活性炭解吸液中丙酮、丁酮或甲基异丁基甲酮的浓度，μg/mL；V 为解吸液的体积，mL；V_{nd} 为标准状态下的采样体积，L；D 为解吸效率，%。

【思考题】

1. 大气环境中其他有机污染气体的存在，是否对本实验存在干扰？若存在，如何进行排除？

2. 实验过程中的废弃物如何正确处理？

实验 31　大气环境中酚类污染物监测

【实验目的与意义】

1. 了解大气环境中酚类污染物的来源与危害；
2. 了解酚类污染物浓度的基本监测方法；
3. 掌握监测大气环境中酚类污染物的高效液相色谱法。

【实验原理】

根据酚类能否与水蒸气一起蒸出，分为挥发酚与不挥发酚。通常沸点在 230℃ 以下的为挥发酚（属一元酚），沸点在 230℃ 以上的为不挥发酚。酚属高毒物质，大气中的酚类可通过湿沉降进入水体中。苯酚是酚类中最简单的化合物，为白色、半透明、针状结晶体，具有一种特殊的芳香气味。苯酚存在于炼油、炼焦、石油化工、有机合成工业、化学工业等废气中，汽车排出的废气和香烟的烟中也含有微量的酚。另外，医院的空气中也存在一定量的酚。苯酚主要是由呼吸道和皮肤进入人体内而引起中毒，属高毒物质，为细胞原浆毒物，低浓度能使蛋白质变性，高浓度能使蛋白质沉淀，故对细胞有直接损害，使黏膜、心血管和中枢神经系统受到腐蚀、损害和抑制。

对挥发酚的主要分析方法有容量法、分光光度法、色谱法等。本实验采用高效液相色谱法测定环境空气中的酚类化合物，如苯酚、2-甲基苯酚、3-甲基苯酚、4-甲基苯酚、1,3-苯二酚、4-氯苯酚、2,6-二甲基苯酚、1-萘酚、2-萘酚、2,4,6-三硝基苯酚、2,4-二硝基苯酚和2,4-二氯苯酚等。主要方法原理为，用 XAD-7 树脂采集的气态酚类化合物经甲醇洗脱后，用高效液相色谱分离，用紫外检测器或二极管阵列检测器检测，以保留时间定性，外标法定量。

当采样体积为 25L 时，检出限为 $0.006\sim0.039mg/m^3$，测定下限为 $0.024\sim0.156mg/m^3$；当采样体积为 75L 时，检出限为 $0.002\sim0.013mg/m^3$，测定下限为 $0.008\sim0.052mg/m^3$。

【实验试剂与仪器】

1. 试剂

（1）无酚水：应储于玻璃瓶中，取用时，应避免与橡胶制品（橡胶塞或乳胶塞等）接触。具体制备方法如下：在每升蒸馏水中加入 0.2g 经 200℃ 活化 30min 的活性炭粉末，充分振荡后，放置过夜，用双层中速滤纸过滤。加氢氧化钠使蒸馏水呈弱碱性，并加入高锰酸钾至溶液呈紫红色，移入全玻璃蒸馏器中加热蒸馏，收集馏出液备用。

（2）甲醇：HPLC 级。

（3）乙腈：HPLC 级。

（4）丙酮：优级纯。

（5）标准储备液：$\rho = 1000\text{mg/L}$。准确称取苯酚、2-甲基苯酚、3-甲基苯酚、4-甲基苯酚、1,3-苯二酚、4-氯苯酚、2,6-二甲基苯酚、1-萘酚、2-萘酚、2,4,6-三硝基苯酚、2,4-二硝基苯酚和2,4-二氯苯酚各0.050g于50mL容量瓶中，用甲醇定容，混匀。在4℃冰箱中保存。

（6）标准使用液：$\rho = 100\text{mg/L}$。量取1.0mL标准储备液于10mL容量瓶中，用甲醇定容，混匀。在4℃冰箱中保存。

（7）XAD-7树脂：40～60目。先用丙酮浸泡12h，再放入索氏提取器中用甲醇提取16h，然后置于真空干燥器中挥发至干。

（8）玻璃纤维滤膜：置于马弗炉中在350℃下灼烧4h，冷却后用甲醇洗净的打孔器垂直切割成8mm直径的圆片，并置于干燥器中备用。

（9）玻璃棉：用丙酮和甲醇各洗涤2～3次，置于真空干燥器中备用。

（10）V形钢丝。

2. 仪器

（1）采样器：流量范围为0.1～1.0L/min，精度为0.05L/min。

（2）采样管：内径6mm，外径8mm，长11cm。

制备方法：按照图7-7所示，在采样管A端2cm处填入少许玻璃棉，然后加入100mg XAD-7吸附剂，再依次装入少许玻璃棉和75mg XAD-7吸附剂及少许玻璃棉，最后从A端放入玻璃纤维滤膜，用玻璃棒压实，然后用V形钢丝固定，两端用聚四氟乙烯帽封闭。

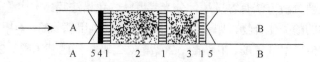

图7-7　玻璃采样管结构示意图

A. 采样管前端，长2cm；B. 采样管后端，长4.5cm；1. 玻璃棉；2. 100mg XAD-7，长2cm；3.75g XAD-7，长1.5cm；4. 玻璃纤维滤膜；5. V形钢丝

（3）高效液相色谱仪：具紫外检测器或二极管阵列检测器。

（4）色谱柱：C_{18}柱，4.60mm×150mm，粒径为5.0μm，或其他等效色谱柱。

（5）索氏提取器：250mL。

（6）马弗炉。

（7）真空干燥器。

【实验方法与步骤】

1. 样品采集、保存与试样制备

1）采样

（1）采样前应对采样器进行流量校准。在采样现场，将一个采样管B端与空气采样器连接，调整采样流量，此采样管仅用于流量调节。

（2）将采样管 B 端与采样器连接，采样管入口端垂直向下，记录流量，采样流量为 0.2～0.5L/min，采样时间根据实际情况确定。

（3）采样结束后记录采样流量。取下采样管，两端用聚四氟乙烯帽封闭。

2）样品保存

采样结束后，将采样管置于密闭容器中带回实验室。如不能及时测定，应在 4℃ 以下避光保存，两周内测定。

3）试样的制备

将采样管恢复至室温，从 B 端缓缓加入 5mL 甲醇淋洗，洗脱液从 A 端自然流出，用 2mL 棕色容量瓶收集洗脱液至接近刻度线时，停止收集，然后用甲醇定容至刻度线。

4）空白试样的制备

（1）运输空白。每次采集样品均带至少一个运输空白样品。将采样管带至采样现场，不开封，采样结束后将其置于密闭容器中带回实验室。按试样制备的相同步骤制备空白试样。

（2）实验室空白。在实验室内取同批制备好的采样管按试样制备的相同步骤制备实验室空白试样。

5）穿透实验

将两个采样管串联，一个采样管（前管）的 B 端与另一个采样管（后管）的 A 端用胶管连接，另一个采样管的 B 端与采样器连接，记录采样流速和时间。前管的 XAD-7 吸附剂的吸附效率按照下式进行计算。

$$K = \frac{M_1}{M_1 + M_2} \times 100$$

式中：K 为前管的吸附效率，%；M_1 为前管的采样量，mg；M_2 为后管的采样量，mg。

2. 样品分析

1）参考色谱条件

流动相：20%乙腈/80%水（体积分数），保留 7.5min；45%乙腈/55%水（体积分数），保留 2.0min；80%乙腈/20%水（体积分数），保留 5min。

检测波长：223nm；流速：1.5mL/min；进样量：10.0μL；柱温：25℃。

2）校准

（1）标准系列的制备。分别量取 0μL、50μL、100μL、200μL、500μL、1000μL 标准使用液于 10mL 容量瓶中，用甲醇定容，混匀。配制成浓度为 0mg/L、0.5mg/L、1.0mg/L、2.0mg/L、5.0mg/L 和 10.0mg/L 的标准系列。

（2）校准曲线的绘制。由低浓度到高浓度依次量取 10.0μL 标准系列，注入高效液相色谱仪，按照参考色谱条件进行测定，以色谱响应值为纵坐标，酚类化合物浓度为横坐标，绘制校准曲线。校准曲线相关系数 $r \geqslant 0.999$。

3）样品测定

量取 10.0μL 试样按照参考色谱条件进行测定，记录保留时间和色谱峰高(或峰面积)。

（1）定性分析。根据酚类化合物标准色谱图的保留时间定性。

（2）定量分析。用外标法定量计算样品中的酚类化合物浓度。

4）空白实验

量取 10.0μL 空白试样按照参考色谱条件进行测定。

【实验数据记录与处理】

环境空气样品中的酚类化合物浓度 ρ 按照下式进行计算。

$$\rho = \frac{\rho_1 \times V_1}{V_s}$$

式中：ρ 为样品中酚类化合物的浓度，mg/m³；ρ_1 为从校准曲线上查得酚类化合物的浓度，mg/L；V_1 为洗脱液定容体积，mL；V_s 为标准状态下（101.325kPa，273.15K）的采样体积，L。

结果表示：测定结果＜1mg/m³ 时，结果保留小数点后三位；测定结果≥1mg/m³ 时，结果保留三位有效数字。

【思考题】

1. 实验过程中如何进行质量保证和质量控制？
2. 实验过程中的废弃物如何正确处理？
3. 本法不适用于颗粒物中的酚类化合物的测定，如何改进以满足要求？

实验 32　大气环境中醇类污染物监测

【实验目的与意义】

1. 了解大气环境中醇类污染物的来源与危害；
2. 了解醇类污染物浓度的基本监测方法；
3. 掌握监测大气环境中醇类污染物的溶剂解吸-气相色谱法。

【实验原理】

低级脂肪醇一般有刺激性和较弱的毒性，其毒性随着相对分子质量的增大而增加，其中丁醇和戊醇的毒性最大。当碳数增加时其毒性随之减少。甲醇为无色挥发性液体，能以任何比例与水混合，几乎能与所有有机溶剂混合。甲醇主要由呼吸道吸入，对人体造成毒害。一般吸入中毒后出现呼吸加速、黏膜刺激、运动失调、局部瘫痪、烦躁、虚脱、体温下降、体重减轻等症状，并最终呼吸衰竭致死。

醇类化合物的监测方法主要有溶剂解吸-气相色谱法、热解吸-气相色谱法、变色酸分光光度法等。以溶剂解吸-气相色谱法为例，大气环境中的甲醇、异丙醇、丁醇、异戊醇、异辛醇、糠醇、二丙酮醇、丙烯醇、乙二醇和氯乙醇用固体吸附剂管采集，溶剂解吸后进样，经色谱柱分离，氢火焰离子化检测器检测，以保留时间定性，峰高或峰面积定量。

【实验试剂与仪器】

1. 试剂

甲醇、丙烯醇、丁醇、异戊醇、乙二醇、氯乙醇、异丙醇、异辛醇、糠醇、二丙酮醇、二硫化碳等。

2. 仪器

硅胶管：溶剂解吸型，200mg/100mg 硅胶（用于甲醇和乙二醇）。

活性炭管：溶剂解吸型，100mg/50mg 活性炭（用于异丙醇、丁醇、异戊醇、异辛醇、二丙酮醇、丙烯醇和氯乙醇）。

GDX-501 管：溶剂解吸型，100mg/50mg GDX-501（用于糠醇）。

空气采样器：流量 0～500mL/min。

溶剂解吸瓶：5mL。

微量注射器：10μL。

气相色谱仪：氢火焰离子化检测器。

【实验方法与步骤】

1. 样品的采集、运输和保存

（1）短时间采样：在采样点，打开固体吸附剂管两端，以 500mL/min（用于乙二醇）或 100mL/min 流量（用于乙二醇以外的采样）采集 15min 空气样品。

（2）长时间采样：在采样点，打开固体吸附剂管两端，以 50mL/min 流量采集 2～8h（活性炭管）或 1～4h（硅胶管）空气样品。

（3）个体采样：在采样点，打开固体吸附剂管，佩戴在采样对象的前胸上部，进气口尽量接近呼吸带，以 50mL/min 流量采集 2～8h（活性炭管）或 1～4h（硅胶管）空气样品。

采样后，立即封闭固体吸附剂管两端，置清洁容器内运输和保存。样品在室温下可保存一周。

2. 样品测定

1）仪器操作条件

色谱柱 1（用于甲醇）：2m×4mm，GDX-102；柱温：140℃；汽化室温度：180℃；检测室温度：200℃；载气（氮气）流量：35mL/min。

色谱柱 2（用于甲醇以外醇类化合物）：2m×4mm，FFAP：Chromosorb WAW = 10：100；柱温：90℃（用于异丙醇、正丁醇、异丁醇、异戊醇和丙烯醇），100℃（用于二丙酮醇），140℃（用于糠醇和氯乙醇），170℃（用于异辛醇和乙二醇）；汽化室温度：200℃；检测室温度：220℃；载气（氮气）流量：40mL/min。

2）标准曲线的绘制

（1）标准溶液的配制。按表 7-10 配制标准溶液，于 25mL 容量瓶中，加入约 5mL 解吸液，准确称量后，加入一定量待测物，再准确称量；分别用相应的解吸液稀释至刻度，由两次称量之差计算出浓度，为标准溶液。或用国家认可的标准溶液配制。

表 7-10　待测物和解吸液

待测物	解吸液	待测物	解吸液
甲醇	蒸馏水	氯乙醇	异丙醇的二硫化碳溶液（5%）
丙烯醇	二硫化碳	异丙醇和异辛醇	异丁醇的二硫化碳溶液（1%）
丁醇和异戊醇	异丙醇的二硫化碳溶液（2%）	糠醇	丙酮
乙二醇	异丙醇溶液（2%）	二丙酮醇	异戊醇的二硫化碳溶液（1.5%）

用各自的解吸液稀释标准溶液成表 7-11 所列标准系列。

表 7-11　标准系列

项目	编号					
	0	1	2	3	4	5
甲醇浓度/（μg/mL）	0	10	50	100	150	250
异丙醇浓度（μg/mL）	0	1000	2000	4000	8000	10000
正丁醇浓度/（μg/mL）	0	200	400	800	1200	2000
异丁醇浓度/（μg/mL）	0	150	300	600	1000	1500
异戊醇浓度/（μg/mL）	0	150	300	600	1000	1500
异辛醇浓度/（μg/mL）	0	2.0	4.0	6.0	8.0	10.0
糠醇浓度/（μg/mL）	0	150	300	600	1000	1500
丙烯醇浓度/（μg/mL）	0	5.0	10.0	20.0	30.0	50.0
二丙酮醇浓度/（μg/mL）	0	200	400	600	800	1000
乙二醇浓度/（μg/mL）	0	500	1000	1500	2000	4000
氯乙醇浓度/（μg/mL）	0	100	200	400	600	800

（2）绘制标准曲线。参照仪器操作条件，将气相色谱仪调节至最佳测定状态，分别进样 1.0μL，测定各标准系列。每个浓度重复测定 3 次。分别以测得的峰高或峰面积均值对相应的待测醇类浓度绘制标准曲线。

3）样品处理

（1）试样制备：将采过样的前后段固体吸附剂分别倒入溶剂解吸瓶中，各加入 1.0mL 解吸液，封闭后，振摇 1min，解吸 30min（二丙酮醇需 90min）。摇匀，解吸液供测定。若浓度超过测定范围，可用各自的解吸液稀释后测定，计算时乘以稀释倍数。

（2）空白对照：将固体吸附剂管带至采样点，除不连接采样器采集空气样品外，其余操作同样品，作为样品的空白对照。

4）样品测定

用测定标准系列的操作条件，测定样品和空白对照的解吸液。测得的样品峰高值减去空白对照的峰高值后，由标准曲线得待测醇类的浓度。

【实验数据记录与处理】

（1）按下式将采样体积换算成标准采样体积：

$$V_{nd} = V \times \frac{273.15}{273.15+t} \times \frac{p}{101.325}$$

式中：V_{nd} 为标准采样体积，L；V 为采样体积，L；t 为采样点的温度，℃；p 为采样点的大气压，kPa。

（2）按下式计算空气中待测醇类的浓度：

$$\rho = \frac{(c_1+c_2)V'}{DV_{nd}}$$

式中：ρ 为空气中醇类的浓度，mg/m^3；c_1、c_2 分别为测得前后段活性炭解吸液中醇类的浓度，μg/mL；V_{nd} 为换算成标准采样体积，L；V' 为解吸液的体积，mL；D 为解吸效率，%。

【思考题】

1. 大气环境中是否存在其他有机污染物会干扰本实验的测定结果？
2. 如何实现分析过程中的质量保证和质量控制？

实验 33　大气环境中光气污染物监测

【实验目的与意义】

1. 了解大气环境中光气污染物的来源与危害；
2. 了解光气污染物浓度的基本监测方法；
3. 掌握监测大气环境中光气污染物的紫外分光光度法。

【实验原理】

光气又称碳酰氯（$COCl_2$），无色，具有发霉柴草气味，剧毒，微溶于水，较易溶于苯、甲苯、冰醋酸和许多液态烃类。由一氧化碳和氯的混合物通过活性炭制得，用作有机合成、农药、药物、染料及其他化工制品的中间体。环境中的光气主要来自染料、农药、制药等生产工艺。脂肪族氯烃类（如四氯化碳、氯仿、三氯乙烯等）燃烧时可产生光气。光气是剧烈窒息性毒气，高浓度吸入可致肺水肿。毒性比氯气约大 10 倍，但在体内无蓄积作用。在生产条件下以急性中毒为主，主要对呼吸系统造成损害。

　　光气的测定方法主要是紫外分光光度法。空气中的光气经硫代硫酸钠和无水碳酸钠去除氯、二氧化氯、氨等干扰气后，用苯胺溶液采集，并与之反应生成 1,3-二苯基脲。在酸性溶液中，用混合溶剂提取后，于 257nm 波长处测量吸光度，其值与光气含量成正比。反应式如下

$$4 \langle\!\!\!\bigcirc\!\!\!\rangle\!-\!NH_2 + COCl_2 \longrightarrow \langle\!\!\!\bigcirc\!\!\!\rangle\!-\!\underset{H}{N}\!-\!\overset{\displaystyle O}{\underset{\displaystyle}{C}}\!-\!\underset{H}{N}\!-\!\langle\!\!\!\bigcirc\!\!\!\rangle + 2\langle\!\!\!\bigcirc\!\!\!\rangle\!-\!NH_2 \cdot HCl$$

　　本方法的检出限为 0.05μg/mL；在采集 7.5L 空气样品时，最低检出浓度为 0.07mg/m^3。测定范围为 0.05～1μg/mL。

【实验试剂与仪器】

1. 试剂

（1）吸收液：取新蒸馏的苯胺 0.25g 溶于 1000mL 去离子水中，冰箱中保存。
（2）硫酸（分析纯）：(1+1)。
（3）混合萃取剂：正己烷：二氯甲烷：异戊醇 = 1：1：0.2。
（4）标准溶液：称取 1,3-二苯基脲 21.46mg 溶于甲醇中并稀释到 100mL，此溶液相当于 100μg/mL 光气，再取其 2.50mL 于 250mL 容量瓶中加吸收液到标线，便成 1μg/mL 标准溶液。

2. 仪器

（1）大气采样器：经校正的流量计范围 0.15～1.5L/min。
（2）多孔玻板 U 形吸收管：10mL。
（3）紫外分光光度计。

【实验方法与步骤】

1. 样品采集

　　在采样点，串联两个各装有 10mL 吸收液的多孔玻板吸收管，以 500mL/min 的流量采集 60min 空气样品。采样后，立即封闭吸收管的进出气口，当天测定完毕。另外，将装有 10mL 吸收液的吸收管带至采样点，除不连接空气采样器采集空气样品外，其余操作相同，以此作为样品的空白对照。

2. 样品测定

1）标准曲线的绘制

取 6 个 25mL 具塞比色管依表 7-12 配成标准系列。

表 7-12　标准系列

项目	管号					
	0	1	2	3	4	5
标准溶液体积/mL	0	0.50	1.00	2.00	5.00	10.00
吸收液体积/mL	10.0	9.5	9.0	8.0	5.0	0
光气含量/μg	0	0.5	1.0	2.0	5.0	10.0

向各管加入（1 + 1）硫酸 1mL，混匀后加入混合萃取溶剂 7mL，振摇 1min，静置分层后将上层有机相转入 10mL 离心管中，以 2000r/min 离心沉淀 2min 或用棉花过滤到 1cm 石英比色皿中，于波长 257nm 处以试剂空白作参比，测定各管吸光度，以光气含量 x（μg）为横坐标，以吸光度 y 为纵坐标绘制标准曲线，或用回归法计算方程式 $y = bx + a$。式中：y 为吸光度；b 为回归方程式的斜率；x 为光气含量（μg）；a 为回归方程式的截距。

2）样品分析

将两个吸收管中的吸收液吹入同一比色管中，用测定标准管的操作步骤测定样品溶液和空白对照溶液。样品的吸光度减去空白对照的吸光度后，由标准曲线得光气的含量（μg）。

3. 注意事项

（1）现场采样时，如排气管处于正压且浓度较高时，应于采样孔装放喷阀门，操作人员在上风向并佩戴防毒口罩操作，防止光气中毒。

（2）分析步骤萃取时，为使有机相与水相完全分离，可在振荡摇匀后将上层有机相移入 10mL 离心管中，以 2000r/min 离心分离 2min 后取出上清液比色。

【实验数据记录与处理】

按下式计算空气中光气的浓度：

$$\rho = \frac{V_t \times m}{V_{nd} \times V_a}$$

式中：ρ 为空气中光气的浓度，mg/m³；m 为在工作曲线上查得所测样品溶液中光气的含量，μg；V_t 为样品溶液总体积，mL；V_a 为分析时所取样品溶液的体积，mL；V_{nd} 为换算成标准状态下的采样体积，L。

【思考题】

1. 空气中哪些气体的存在会对本实验存在干扰？若存在干扰，如何避免？
2. 萃取步骤中，为使有机相与水相分离更完全，进行哪些操作？

实验 34　大气环境中胺类污染物监测

【实验目的与意义】

1. 了解大气环境中胺类污染物的种类；
2. 掌握监测大气环境中胺类污染物的溶剂解吸-气相色谱法。

【实验原理】

胺类污染物基本可分为脂肪族胺类和芳香族胺类，两者的监测方法类似，均可采用溶剂解吸-气相色谱法。这里以大气环境芳香族胺类污染物的监测为例。基本方法原理为，大气环境中苯胺经硅胶管吸附后，然后经甲醇解吸，再经石英毛细管柱分离，用气相色谱氮磷检测器或氢火焰离子化检测器检测，以保留时间定性，以峰高或峰面积定量。

本方法中的苯胺类化合物指苯胺、N, N-二甲基苯胺、邻甲基苯胺、2,4-二甲基苯胺、邻硝基苯胺、间硝基苯胺和对硝基苯胺等 7 种物质。

【实验试剂与仪器】

1. 试剂

（1）解吸液：甲醇（CH_3OH）色谱纯级。

（2）硅胶：市售 40～60 目层析硅胶，使用前需活化处理。处理方法：将硅胶注入 1:1 盐酸中浸泡 24h，用水洗至中性为止，然后将硅胶在 90～100℃干燥，再于 320℃条件下活化 4h，在干燥器中冷却后，保存于干净的试剂瓶中。

（3）7 种苯胺类化合物：

（4）盐酸（HCl）：优级纯。

（5）载气：氮气（N_2），纯度 99.999%。

（6）燃烧气：氢气（H_2），纯度 99.999%。

（7）助燃气：空气，经活性炭和硅胶过滤。

（8）标准溶液：

①苯胺（C_6H_7N）标准储备液。于 25mL 容量瓶中加入 10mL 解吸液，准确称量（准确至±0.0001g），然后加入一定量苯胺（约 0.025g），再准确称量（准确至±0.0001g），用解吸液稀释至刻度，摇匀，并计算出每毫升解吸溶剂中苯胺的含量（此溶液约含苯胺 1mg/mL），作为苯胺标准储备液，于冰箱内 2～5℃下避光保存。

②邻甲基苯胺（C_7H_9N）、N, N-二甲基苯胺（$C_8H_{11}N$）、2,4-二甲基苯胺（$C_8H_{11}N$）标准储备液，配制方法同苯胺标准储备液。

③邻硝基苯胺（$C_6H_6N_2O_2$）标准储备液。称取邻硝基苯胺（纯品为固体）0.025g（准确至±0.0001g），溶入解吸溶剂中，在容量瓶中定容至 25mL，摇匀。计算出每毫升解吸

溶剂中苯胺的含量（此溶液约含邻硝基苯胺 1mg/mL），作为邻硝基苯胺标准储备液，于冰箱内 2～5℃下避光保存。

注意：如果固体不易溶解，可加入少许无水乙醇助溶。

④间硝基苯胺（$C_6H_6N_2O_2$，纯品为固体）标准储备液，配制方法同邻硝基苯胺标准储备液。

⑤苯胺类化合物混合标准中间使用液。分别移取一定量苯胺类化合物 7 种标准储备液注入 10mL 容量瓶中，用解吸溶剂稀释至刻度，摇匀，配成每毫升分别含各苯胺类化合物约 100μg 的苯胺类化合物混合标准中间使用液，并计算其准确浓度。

⑥单标使用溶液。精确移取一定量各标准储备液，分别注入 10mL 容量瓶中，用解吸溶剂稀释至刻度，配成各单标使用溶液。

2. 仪器

（1）气相色谱仪：具有氮磷检测器或氢火焰离子化检测器。

（2）色谱柱：长 30m，内径 250μm，固定液膜厚 0.25μm 的 35%苯基、65%二甲基聚硅氧烷石英毛细管柱（ZB-35 中极性柱），或相似类型色谱柱。

（3）自动进样器：带 10μL 微量注射器。

（4）玻璃移液管：1mL、2mL、5mL。

（5）移液枪：5～100μL、100～1000μL。

（6）5mL 具塞带刻度试管。

（7）10mL、25mL 容量瓶。

（8）电子天平：0～250g（准确至±0.0001g）。

（9）空气采样器：流量 0～1.0L/min。

（10）硅胶吸附管：取长 12cm、内径 4mm、外径 7mm 的硬质玻璃管，洗净烘干，每支管内装 60～100 目硅胶 600mg，内分两段，中间用石英玻璃棉隔开，其 A 段装 400mg，B 段装 200mg，两端用石英玻璃固定，再用聚四氟乙烯塑料帽塞紧两端（不可用橡皮管）或火焰密封，干燥保存，待用（图 7-8）。

图 7-8　硅胶吸附管

（11）鼓风干燥箱。

（12）马弗炉。

【实验方法与步骤】

1. 样品采集与保存

采样时，将硅胶吸附管两端打开，一端用乳胶管连接到空气采样器的进气口，另一端垂直向上直通大气，在常温下以 0.2~0.5L/min 的流速采样，同时记录采样流量、采样时间及采样点的温度和大气压等。

采样后，立即用聚四氟乙烯塑料帽（或内衬聚四氟乙烯膜的橡皮帽）将硅胶吸附管两端套封，速送实验室分析，如不能及时分析，则置于 4℃下避光保存，3 天内有效。

2. 样品预处理

将采样后的硅胶吸附管中前段硅胶和后段硅胶分别移入两个 5mL 具塞带刻度试管中，各准确加入 1.00mL 甲醇解吸液，盖上瓶塞，放置 30min，在放置过程中轻轻摇动 2~3 次，作为样品解吸溶液，供色谱分析用。

3. 解吸效率及保存实验

取 12 个硅胶管分 2 组，每组 6 个，分别加入含有 1.6μg 和 32μg 的 7 种苯胺类混合标准溶液，放置过夜，于第 1 天、第 3 天取出，加 1mL 甲醇解吸，振荡并放置 30min，取 1μL 色谱进样，每个浓度重复测定 3 次。分别计算：第 1 天加入量为 1.6μg 时 7 种苯胺类化合物的解吸效率，加入量为 32μg 的解吸效率；第 3 天加入量为 1.6μg 时 7 种苯胺类化合物的解吸效率，加入量为 32μg 的解吸效率。

4. 色谱分析条件

1）色谱柱选择

选择 ZB-35 柱作为分离柱，ZB-35 柱可以将苯胺类化合物完全分离，峰形尖锐，同时受干扰物影响小。由于 7 种苯胺类化合物沸点范围较宽，故使用程序升温来实现分离。

2）色谱条件

气相色谱仪：具氮磷检测器。进样口：温度 240℃，分流比 1：20。检测器：温度 320℃，铷珠补偿为 30pA。柱温：程序升温，初始温度 80℃，以 20℃/min 速率升温至 150℃，然后以 40℃/min 速率升温至 220℃，并保持 1.5min。气体流速：载气为氮气，恒流，流速为 1.0mL/min；燃烧气为氢气，流速 3.0mL/min；助燃气为空气，流速为 60mL/min；尾吹气为氮气，流速 10mL/min。进样量：1μL。

气相色谱仪：具氢火焰离子化检测器。进样口：温度 240℃，分流比 1：20。检测器：温度 320℃。柱温：程序升温，初始温度 80℃，以 20℃/min 速率升温至 150℃，然后以 40℃/min 速率升温至 220℃，并保持 1.5min。气体流速：载气为氮气，恒流，1.0mL/min；燃烧气为氢气，流速 35mL/min；助燃气为空气，流速 400mL/min；尾吹气为氮气，流速 40mL/min。进样量：1μL。

5. 标准曲线与仪器检出限

配制 0μg/mL、0.5μg/mL、5μg/mL、10μg/mL、40μg/mL、80μg/mL、120μg/mL、160μg/mL，共 8 个浓度的 7 种苯胺类混合标准工作溶液。每个标准浓度进样 3 次，连续进样 5 天，分别是使用氮磷检测器和氢火焰离子化检测器，测定各组分的峰高，取平均值，绘制 7 组分的峰高浓度校正曲线，并计算相关系数 r。

仪器检出限以连续分析 7 个低浓度样品（0.25μg/mL），计算其标准偏差 S

$$\text{MDL} = St_{(n-1,\,0.99)}$$

其中，$t_{(n-1,\,0.99)}$ 为置信度为 99%、自由度为 $n-1$ 时的 t 值（$t_{(6,\,0.99)} = 3.143$），获得使用氮磷检测器和氢火焰离子化检测器时仪器的检出限。

6. 空白对照

用甲醇解吸，其他步骤、条件与样品分析相同。

7. 样品测定

1）定性测量

以试样中相应峰的保留时间和标准的保留时间相比较定性，或采取标准样品添加法定性。

2）定量测定

（1）校正曲线法。根据待测样品解吸溶液中苯胺类化合物各组分的峰高在校正曲线上查得其相应的浓度值（或通过峰高–浓度回归方程计算出浓度值）。

注意：每天开机后，在实际样品进样分析前都应绘制校正曲线，每分析 3～5 个样品，应插入一个校正曲线中浓度适当的标准使用液样品，其测定值与原配制值的相对偏差应小于 ±5%，否则应重新绘制校正曲线。

（2）单点校正法。当待测样品中各组分浓度变化范围不大，且方法线性好，截距可忽略不计时，常采用单点校正法定量，即配制一个与待测样品解吸溶液中被测组分响应值接近的标准样品定量进样。

【实验数据记录与处理】

1. 校正曲线法

根据样品解吸溶液中苯胺类化合物各组分的浓度值，通过计算换算为气体样品中苯胺类化合物各组分的浓度值。计算公式如下

$$c_{\text{气},i} = \frac{c_i V_{\text{e}}}{V_{\text{nd}}} \times 1000$$

式中：$c_{\text{气},i}$ 为气样中苯胺类化合物 i 组分的浓度，mg/m^3；c_i 为样品解吸溶液中苯胺类化合物 i 组分的浓度，mg/L；V_{e} 为样品解吸溶液的体积，mL；V_{nd} 为换算为标准状态下的采样体积，L。

2. 单点校正法

根据与样品解吸溶液中被测组分响应值接近的标准样品的峰高，按下式计算待测气体中苯胺类化合物各组分的浓度值。

$$c_{\text{气},i} = \frac{h_i c_{\text{s}} V_{\text{e}}}{h_{\text{s}} V_{\text{nd}}} \times 1000$$

式中：$c_{\pi i}$ 为气样中苯胺类化合物 i 组分的浓度，mg/m^3；c_s 为标准溶液中苯胺类化合物 i 组分的浓度，mg/L；h_i 为样品解吸溶液中苯胺类化合物 i 组分的峰高；h_s 为标准溶液中苯胺类化合物 i 组分的峰高；V_e 为样品解吸溶液的体积，mL；V_{nd} 为换算为标准状态下的采样体积，L。

【思考题】

1. 空气中哪些气体的存在会对本实验存在干扰？
2. 实验分析过程中如何进行质量保证和质量控制？

实验 35　大气环境中肼类污染物监测

【实验目的与意义】

1. 了解大气环境中肼类污染物的来源与危害；
2. 了解肼类污染物浓度的基本监测方法；
3. 掌握监测大气环境中肼类污染物的气相色谱法。

【实验原理】

肼类燃料（包括肼、甲基肼、偏二甲肼等）广泛用作导弹及航天器的推进剂，但它们都具有中等毒性，是潜在致癌物。重复暴露在肼类燃料气氛中，会损害人的肝肾；暴露在高浓度气氛中，会使人痉挛，以致死亡。肼类燃料由于沸点低、蒸气压高，在空气中极易形成爆炸性混合物，引起爆炸事故。因此在使用过程中对其蒸气浓度的监测非常重要。

空气中肼类燃料蒸气浓度的主要方法有：化学发光法、化学传感器法、固体吸附剂/分光光度法、色谱法、质谱法、检测管法和个人剂量计等。本实验采用气相色谱法测定大气环境中的肼、偏二甲肼。它的基本方法原理为，用装有浸渍硫酸的 6201 白色担体的采样管富集空气中的肼、偏二甲肼，生成稳定的硫酸盐。用水洗脱，加入糠醛衍生试剂，生成相应的肼与偏二甲肼的衍生物。用乙酸乙酯萃取，将萃取液注入气相色谱仪进行测定，以保留时间定性、峰高定量。

肼、偏二甲肼与糠醛的反应如下

本方法对于偏二甲肼的测定范围为 0.026~6.7mg/m³，当采样体积为 60L 时，最低检出浓度为 0.021mg/m³；对于肼的测定范围为 0.007~1.0mg/m³，当采样体积为 60L 时，最低检出浓度为 0.007mg/m³。

【实验试剂与仪器】

1. 试剂

（1）6201 担体（40~60 目）。

（2）乙酸乙酯。

（3）硫酸溶液 $c(1/2H_2SO_4) = 0.80mol/L$。取 11.0mL 优级纯浓硫酸徐徐倒入盛有 100mL 水的烧杯内，搅拌，冷却至室温，用水稀释至 500mL。

（4）硫酸溶液 $c(1/2H_2SO_4) = 12mol/L$。取 33.3mL 优级纯浓硫酸徐徐倒入盛有 50mL 水的烧杯内，搅拌，冷却至室温，用水稀释至 100mL。

（5）乙酸钠溶液 $c(CH_3COONa) = 0.50mol/L$。称取 34.0g 乙酸钠（$CH_3COONa \cdot 3H_2O$），溶于水，移入 500mL 容量瓶中，用水稀释至标线，摇匀。

（6）硫酸-甲醇溶液。取 12mol/L 硫酸溶液 36mL 缓慢加到盛有 200mL 甲醇的 250mL 容量瓶中，用甲醇稀释至标线，摇匀。

（7）衍生试剂。取 2.00mL 新蒸馏的糠醛于 50mL 容量瓶中，用 0.50mol/L 乙酸钠溶液稀释至标线，摇匀。

（8）标准溶液。

①偏二甲肼标准储备液：盛有少量 0.80mol/L 硫酸溶液的 100mL 容量瓶中，用注射器以减重法称取 100mg 偏二甲肼（准确至 0.1mg），用 0.80mol/L 硫酸溶液稀释至标线，摇匀，计算每毫升溶液中所含偏二甲肼的质量（μg）。

②偏二甲肼标准中间液：用 0.80mol/L 硫酸溶液将标准储备液稀释成每毫升含 100μg 偏二甲肼的标准中间液。

③偏二甲肼标准使用液：取 10.00mL 标准中间液于 100mL 容量瓶中，用 0.80mol/L 硫酸溶液稀释至标线，此溶液每毫升含 10.0μg 偏二甲肼。

④肼标准储备液：称取 0.406g 硫酸肼（$N_2H_4 \cdot H_2SO_4$），溶解于 0.80mol/L 硫酸溶液，移入 1000mL 容量瓶中，用 0.80mol/L 硫酸溶液稀释至标线，此溶液每毫升含 100μg 肼。

⑤肼标准使用液：取 5.00mL 肼标准储备液于 500mL 容量瓶中，用 0.80mol/L 硫酸溶液稀释至标线，此溶液每毫升含 1.00μg 肼。

2. 仪器

具塞比色管：5mL；微量注射器：10μL、50μL；吸附采样管；空气采样器：流量 0~2L/min；气相色谱仪：氢火焰离子化检测器；色谱柱：长 4m、内径 3mm 玻璃柱，柱内填充涂覆 10% OV-7 的 Supelcoport 担体（80~100 目）。

【实验方法与步骤】

1. 固体吸附剂制备

（1）称取 6201 担体 40g，放入烧杯内，反复用水漂洗，直至漂洗水澄清透明，再加入 150mL 水，在电炉上加热至沸，保持 2～3min，弃去漂洗液，如此重复 3～5 次，直至漂洗水澄清透明为止。用布氏漏斗将水洗后的 6201 担体抽吸至干，摊于瓷盘内，于 70℃的烘箱内干燥 2h。取出后过筛，留用 40～60 目担体。

（2）称取 35.5g 过筛的 6201 担体放入烧杯内，加入 97.6mL 硫酸-甲醇溶液，轻摇烧杯，使之浸渍均匀。然后放入瓷盘内摊开，在通风橱内使甲醇自然挥发，再于 60℃的烘箱内干燥 30～40min，取出装瓶并保存于干燥器内。

2. 采样管制作

称取 200mg 固体吸附剂，通过小漏斗注入特制的玻璃采样管（图 7-9），吸附剂两端用洁净的 60 目不锈钢丝网帽固定，采样管两端用聚乙烯管帽密封，外面包以黑纸，保存于干燥器内。

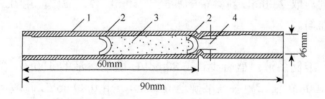

图 7-9　吸附采样管

1. 采样管；2. 不锈钢丝网；3. 吸附剂；4. 采样品

3. 样品采集

采样管垂直放置，离地面 1.3～1.5m，上端与空气采样器相连接。生活区以 2L/min 的流量采样 120L，污染区以 1L/min 的流量采样 60L。记录采样流量、采样时间及采样点的温度和大气压等。

采样结束后，立即用聚四氟乙烯塑料帽（或内衬聚四氟乙烯膜的橡皮帽）将采样管密封，放入黑纸袋中，速送实验室分析。

4. 色谱条件

柱温：205℃；检测室温度：315℃；汽化室温度：315℃；载气：氮气，流量 50mL/min；燃气：氢气，流量 70mL/min；助燃气：空气，流量 500mL/min。

5. 标准曲线的绘制

（1）取 7 个具塞比色管，分别加入 200mg 固体吸附剂和 2mL 水，按表 7-13 配制标准系列。

表 7-13　肼和偏二甲肼标准系列

项目	管号						
	0	1	2	3	4	5	6
肼标准使用液/mL	0	1.20	2.40	3.60	4.80	6.00	7.20
肼含量/μg	0	1.20	2.40	3.60	4.80	6.00	7.20
偏二甲肼标准使用液/mL	0	0.60	1.20	1.80	2.40	3.00	3.60
偏二甲肼含量/μg	0	6.0	12.0	18.0	24.0	30.0	36.0

（2）各管中加入 2.00mL 衍生试剂，室温下反应 1h，用 1.00mL 乙酸乙酯萃取，放置 20min 后，取萃取液 10.0μL 注入气相色谱仪进行测定。以峰高对 1.00mL 乙酸乙酯萃取液样品的含量（μg）绘制标准曲线。

6. 样品测定

将采样后采样管两端的聚乙烯管帽去掉，把采样管内的不锈钢丝帽及固体吸附剂倒入 5mL 具塞比色管内，用 2mL 蒸馏水洗涤采样管内壁并将洗涤液直接洗入上述 5mL 具塞比色管内，加入 2.00mL 衍生试剂，室温下反应 1h，用 1.00mL 乙酸乙酯萃取，放置 20min 后，取 10.0μL 萃取液注入气相色谱仪进行测定。

【实验数据记录与处理】

空气中肼和偏二甲肼浓度的计算公式如下

$$c_{肼} = \frac{W_1}{V_{nd}}$$

$$c_{偏二甲肼} = \frac{W_2}{V_{nd}}$$

式中：$c_{肼}$ 为空气中肼的浓度，mg/m^3；$c_{偏二甲肼}$ 为空气中偏二甲肼的浓度，mg/m^3；W_1 为吸附剂上肼的总含量，μg；W_2 为吸附剂上偏二甲肼的总含量，μg；V_{nd} 为标准状态下的采样体积，L。

【思考题】

1. 衍生反应中有哪些条件需要严格控制？
2. 质量保证与质量控制如何进行？

实验 36 大气环境中腈类污染物监测

【实验目的与意义】

1. 了解大气环境中腈类污染物的种类与危害；
2. 了解腈类污染物浓度的基本监测方法；
3. 掌握监测大气环境中腈类污染物的溶剂解吸-气相色谱法。

【实验原理】

低级腈是无色液体，高级腈是固体。随着相对分子质量的增大，腈在水中的溶解度降低。低级腈毒性较大。腈类物质中毒性最强的是氰化氢。氰化氢是具有苦杏仁味的气体，易溶于水，可在水中快速解离。其次是丙烯腈、氰酸酯、腈胺等。丙烯腈属高毒物质，其毒性作用与氢氰酸相似，主要是吸入丙烯腈蒸气或皮肤接触而造成毒害。人体对丙烯腈较敏感，当暴露在浓度为 $1g/m^3$ 的空气中 $1\sim2h$，即可致死。丙烯腈除了本身的毒性作用外，在人体内还可部分转化为氰化物，中毒表现与氰化物相似。氰化物的主要中毒机理是抑制呼吸酶，使酶失去传递电子的能力，造成细胞内呼吸抑制。氰化物毒性大小取决于体内离解出氰离子（CN^-）的速率和数量。

测定空气中腈类化法物的方法有溶剂解吸-气相色谱法、热解吸-气相色谱法、异烟酸钠-巴比妥酸钠分光光度分等。本实验选择溶剂解吸-气相色谱法，并以代表性的腈类污染物丙烯腈为监测对象。基本原理为，丙烯腈（$CH_2=CHCH_2CN$）用活性炭常温吸附富集，再经二硫化碳常温解吸，解吸液中各组分通过色谱柱分离后进入氢火焰离子化检测器，从测得的丙烯腈色谱峰高（或峰面积）对解吸液中丙烯腈浓度定量，最后由解吸液体积、浓度和采样体积计算出气体样品中丙烯腈的浓度。

【实验试剂与仪器】

1. 试剂

（1）丙烯腈：色谱纯（或分析纯，但必须对丙烯腈无色谱干扰峰）。
（2）二硫化碳：分析纯（对丙烯腈的色谱测定无干扰峰，否则需进行蒸馏，取 $46\sim47℃$ 的馏分）。
（3）气相色谱固定相：GDX-502，$60\sim80$ 目。
（4）氮气：纯度 99.99%，并用分子筛或活性氧化铝净化。
（5）氢气：纯度 99.99%，并用分子筛或活性氧化铝净化。
（6）空气。
（7）活性炭吸附管。

活性炭吸附管的结构如图 7-10 所示。玻璃管的两端熔封密闭，并配有两个塑料帽盖，以备采样完毕后盖紧密闭用。管内填装活性炭粒度为 20～40 目，A 段含 100mg，B 段含 50mg。A 段活性炭前的玻璃棉上压着一个 V 形弹簧钩，以免炭粒松动。活性炭应对气态丙烯腈有很强的吸附能力，并可用二硫化碳解吸被吸附的丙烯腈。

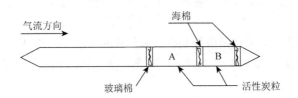

图 7-10　活性炭吸附管

4mm 内径、6mm 外径、70mm 长，两端封闭

（8）丙烯腈标准储备液：c = 10.0mg/mL。

用分析天平准确称取一定量的丙烯腈于容量瓶中，小心加入二硫化碳至刻度，配制成丙烯腈浓度为 10.0mg/mL 的溶液，作为储备液，密闭存放于低温（4～8℃）下，备用。存放期不得超过一个月。

（9）丙烯腈标准使用液：c = 1.0mg/mL。

取 1.00mL 丙烯腈标准储备液于 10mL 容量瓶中，用二硫化碳稀释至刻度。

2. 仪器

（1）气相色谱仪：附氢火焰离子化检测器。

（2）色谱柱。

柱类型：填充柱；柱材料：玻璃或聚四氟乙烯；柱长：3m；柱内径：3mm；柱内填充物：GDX-502，60～80 目。

（3）微量注射器：1.0μL。

（4）采样仪器。

引气管：聚四氟乙烯软管，头部接一玻璃漏斗；样品收集装置：活性炭吸附管；流量计量装置和抽气泵；连接管。

【实验方法与步骤】

1. 样品采集和保存

1）采样装置的连接

按引气管（如无必要，可不接引气管）、吸附管、流量计量装置、抽气泵的顺序连接采样系统。

2）样品采集

在采样管口塞适量玻璃棉，然后将其置于采样点位置，启动抽气泵，使空气通过吸附管，记录采样时间、温度和流量，采样完毕后应立即取下吸附管，用塑料帽盖将两端盖紧，带回实验室分析。

3）采样流量

采样流量一般应控制在 0.3～1.0L/min。当温度高于 30℃时，采样流速应降低，不要超过 0.5L/min，以保证 B 段活性炭吸附量小于吸附总量的 2%。

4）采样量

对每个活性炭吸附管，采样量应控制在二硫化碳解吸液中丙烯腈浓度为 10～400μL/mL。每个活性炭吸附管的最大采样量一般不超过 1.6mg，且 B 段活性炭吸附的丙烯腈应不超过被吸附丙烯腈总量的 2%。

5）样品保存

采样后的活性炭管，在两端塞紧帽盖的情况下避光保存，低温下（8℃以下）保存最多不超过 7 天。

2. 标准曲线的绘制

1）色谱条件

层析室温度：130℃；进样器温度：150℃；检测器温度：150℃；氮气流速：30mL/min；氢气流速：40mL/min；空气流速：350mL/min。

2）标准曲线绘制

取不同体积丙烯腈标准使用液于 6 个 10mL 容量瓶中，分别加入二硫化碳稀释至刻度。配制成浓度为 10.0～500μg/mL 标准系列溶液（表 7-14），摇匀待测。

表 7-14　丙烯腈标准系列溶液

项目	编号					
	1	2	3	4	5	6
标准使用液体积/mL	0.10	0.50	1.00	2.00	3.00	5.00
二硫化碳体积/mL	9.90	9.50	9.00	8.00	7.00	5.00
丙烯腈浓度/(μg/mL)	10.0	50.0	100	200	300	500

按规定的色谱条件，分别取上述标准系列溶液注入气相色谱仪，进样量为 1.0μL，测定丙烯腈峰高（或峰面积）。每个浓度的溶液重复进样 3 次，取平均值，以浓度 c_i（μg/mL）与对应峰高 h_i（或峰面积 A_i）绘制标准曲线，并计算得到标准曲线的线性回归方程。

3. 样品测定

1）样品的解吸

将采集样品后的活性炭吸附管两端的帽盖打开，用一根带钩的铁丝取出压在 A 段活性炭粒上的 V 形弹簧钩，将 A 段活性炭（包括上端玻璃棉）和 B 段活性炭（包括海绵）分别转移到两个干燥的具磨口的试管内，并立即用吸管移取 2.00mL 和 1.00mL 二硫化碳，分别加入盛 A 段和 B 段活性炭的试管内迅速盖紧试管塞，不断轻轻振摇试管，使二硫化碳能和活性炭充分接触混合，30min 后进行气相色谱测定。

2）气相色谱仪分析

　　按绘制标准曲线相同的气相色谱工作条件调节仪器，对上述得到 A 段和 B 段活性炭的二硫化碳解吸液分别作气相色谱测定，取解吸液的上层清液进样，每次进样量为 1.0μL，重复进样 3 次，取丙烯腈色谱峰高（或峰面积）的平均值定量。

【实验数据记录与处理】

　　1. 定性分析

　　以丙烯腈标样的色谱峰保留时间定性。

　　2. 定量分析

　　由测得的丙烯腈色谱峰高（或峰面积）平均值，直接在校准曲线上查得丙烯腈浓度 c_a 和 c_b，或由回归方程计算得到 c_a 和 c_b，再根据采气体积计算气体样品中的丙烯腈浓度。计算公式如下

$$c_R = \frac{c_a \times V_a + c_b \times V_b}{V_{nd}}$$

式中：c_R 为采气样品中丙烯腈浓度，mL/m³；c_a 为 A 段活性炭解吸液中丙烯腈浓度，μg/mL；c_b 为 B 段活性炭解吸液中丙烯腈浓度，μg/mL；V_a 为 A 段活性炭的二硫化碳解吸液体积，mL；V_b 为 B 段活性炭的二硫化碳解吸液体积，mL；V_{nd} 为换算为标准状态下的干采气体积，L。

【思考题】

　　1. 根据采气样品中丙烯腈浓度，如何计算一个排放监控点的丙烯腈平均浓度？
　　2. 要检验实验结果的精密度和准确度应如何操作？

实验 37　大气环境中恶臭气体污染物监测

【实验目的与意义】

　　1. 了解大气环境中恶臭气体的组分与来源；
　　2. 了解恶臭气体各组分浓度的基本监测方法；
　　3. 掌握监测大气环境中恶臭气体的气相色谱法。

【实验原理】

　　空气中恶臭气体是低浓度、多成分的气态物质，包括氨、硫化物（硫化氢、甲硫醇、

甲硫醚、二甲基二硫）、三甲胺、乙醛、苯乙烯等无机和有机成分。其嗅阈值一般在 mL/m³级。恶臭气体中除氨、硫化物等少量无机化合物之外，绝大部分是有机化合物，如醛类、酚类、脂肪酸及含氮、含硫有机物等。

氨气、三甲胺、硫化氢、苯乙烯、二硫化碳、硫醇、硫醚、二甲基二硫等 8 种（类）物质是我国有关环境标准规定的恶臭物质。它们是由一些工业企业、城市垃圾、畜禽养殖场粪便、下水道等排放的污染物。本实验主要采用气相色谱法监测空气样品中的部分恶臭组分，适用于硫化氢、甲硫醇、甲硫醚和二甲基二硫的同时测定。4 种成分的检出限为 $0.2 \times 10^{-9} \sim 1.0 \times 10^{-9}$g。当气体样品中 4 种成分浓度高于 1.0mg/m³ 时，可取 1～2mL 气体直接进样分析。对 1L 气体样品进行浓缩，4 种成分的检出限分别为 $0.2 \times 10^{-3} \sim 1.0 \times 10^{-3}$mg/m³。

本实验以空气中的甲硫醚[$(CH_3)_2S$]和二甲基二硫[$(CH_3)_2S_2$]为监测对象，基本方法原理为，以采气瓶采集空气样品，硫化物含量较高的气体样品可直接用注射器取样 1～2mL，注入安装火焰光度检测器的气相色谱仪进行分析。含量较低的气体样品，以浓缩管在低温条件下对 1L 气体样品进行浓缩，浓缩后将浓缩管连入色谱仪分析系统并加热至 100℃，使全部浓缩成分流经色谱柱分离检测，以保留时间对被测成分进行定性，以色谱峰高的对数定量。

【实验试剂与仪器】

1. 试剂

甲硫醚、二甲基二硫等。

2. 仪器

采样瓶、采样袋；注射器；浓缩管；气相色谱仪。

【实验方法与步骤】

1. 色谱条件

色谱柱：3m×3mm 玻璃柱；β, β-氧二丙腈：Chromsorb-G = 25∶100；柱温 70℃，汽化室温度 150℃，检测室温度 200℃。使用程序升温时色谱柱箱的升温程序：初始温度 70℃，保持至甲硫醚出峰结束，以 20℃/min 升温速率升至 90℃，保持至二甲基二硫出峰结束，载气（氮气）流量为 70mL/min。

2. 标准曲线绘制

分别取 0.5μL、1.0μL、2.0μL、4.0μL、8.0μL 两种浓度甲硫醚和二甲基二硫混合标准溶液（均为 20μg/mL，2μg/mL），依次注入色谱仪分析。用双对数坐标以组分进样量对色谱峰高值绘制工作曲线。

3. 样品测定

取采样瓶或采样袋中气体 1~2mL 注入色谱仪分析。分析浓缩样品时，连接浓缩管至分析系统，转动气路转换阀使载气流经浓缩管至仪器进样口。待色谱基线稳定后，移去液氧杯，加热浓缩管使其在 1min 内温度升至 100℃，使全部浓缩成分进入色谱柱。根据被测成分峰高值从标准曲线上查出相应绝对量（ng）。

【实验数据记录与处理】

按下式计算空气中甲硫醚或二甲基二硫的浓度：

$$\rho = \frac{g \times 10^{-5}}{V_{nd}}$$

式中：ρ 为空气中甲硫醚或二甲基二硫的浓度，mg/m^3；g 为硫化物组分绝对量，ng；V_{nd} 为标准状态下的进样体积或浓缩体积，L。

【思考题】

1. 如何改进本实验以同时测定更多恶臭气体组分？
2. 大气环境中是否存在会干扰本实验监测的气体化合物？若存在，如何消除干扰？

实验 38   大气环境中总烷烃类污染物监测

【实验目的与意义】

1. 了解大气环境中总烷烃类污染物的种类与来源；
2. 了解总烷烃类污染物浓度的基本监测方法；
3. 掌握监测大气环境中总烃、非甲烷烃污染物的气相色谱法。

【实验原理】

空气中的碳氢化合物主要来自石油炼制、焦化、化工等生产过程中逸散和排放出的废气以及汽车尾气，局部地区也来自天然气、油田气的逸散。污染环境空气的烃类一般指具有挥发性的碳氢化合物（$C_1 \sim C_8$）。常用两种方法表示：一种是包括甲烷在内的碳氢化合物，称为总烃（THC），另一种是除甲烷以外的碳氢化合物，称为非甲烷烃（NMHC）。空气中的碳氢化合物主要是甲烷，其浓度范围为 1.5~6mg/m³。但当空气严重污染时，甲烷以外的碳氢化合物大量增加。甲烷不参与光化学反应，因此，测定不包括甲烷的碳氢化合物，对判断和评价空气污染具有实际意义。

监测环境空气和工业废气中总烃和非甲烷烃有多种方法，但以气相色谱法应用最广。基本原理为，用双柱双氢火焰离子化检测器气相色谱仪，注射器直接进样，分别测定样品中的总烃和甲烷含量，两者之差即为非甲烷烃含量。同时以除烃空气求氧的空白值，以扣除总烃色谱峰中的氧峰干扰。

【实验试剂与仪器】

1. 试剂

（1）盐酸：$\rho = 1.19$g/mL。

（2）磷酸：$\rho = 1.71$g/mL。

（3）盐酸浓度：1:1。

（4）磷酸浓度：$c(H_3PO_4) = 3.3$mol/L。用量筒量取 $\rho = 1.71$g/mL 磷酸 38mL，缓慢倒入水中，再用水稀释至 100mL。

（5）氢气：99.999%。

（6）空气：经 5Å 分子筛、活性炭（用 6mol/L 盐酸溶液浸渍 12h 后，用水冲至中性，在 105℃烘干备用）和硅胶净化处理。

（7）氮气：99.999%的高纯氮。

（8）甲烷标准气体：7.14mg/m³，以氮气为底气或以除烃空气为底气。

（9）除烃空气：借助四氧化三钴或钯 6201 的催化作用，除去空气中的烃类物质。

（10）21%的标准气：用 79%的高纯氮气加入 21%的高纯氧气得到 21%的标准气。

2. 仪器

（1）气相色谱仪：附氢火焰离子化检测器。

（2）色谱柱：甲烷柱为聚苯乙烯/二乙烯基苯毛细柱（PLOT Q），15m×0.53mm×40μm；或者相似性质毛细色谱柱。总烃柱为毛细石英空柱，6m×0.53mm。

（3）注射器：100μL 气密性注射器若干个；全玻璃制 1mL、20mL、50mL、100mL 若干个。

（4）铝箔复合采样袋：1~5L。

（5）除烃净化装置（图 7-11）。

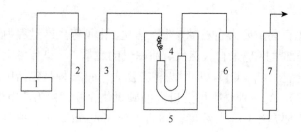

图 7-11　除烃净化装置示意图

1. 无油空压机；2、6. 硅胶与 5Å 分子筛管；3. 活性炭管；4. 预热管；5. 管式炉（U 形管内装钯催化剂）；7. 碱石棉管

【实验方法与步骤】

1. 样品采集

（1）采样容器的洗涤。100mL 针筒，使用前必须用 3.3mol/L 磷酸溶液洗涤，然后用水漂洗干净，干燥后备用。

（2）样品采集。用 100mL 针筒抽取现场空气，冲洗注射器 3～4 次，采气样 100mL，用衬有聚四氟乙烯薄膜的硅橡胶胶帽密封，避光带回实验室；若采用铝箔复合采样袋采样，应在采样前用样品气反复置换 3 次，采样结束后，密封采样容器，避光带回实验室。

（3）样品保存。采集好的样品应避光保存尽快分析，一般放置时间不超过 12h。

2. 标准曲线

1）色谱条件

柱温：80℃；检测器温度：200℃；进样口温度：160℃；载气：高纯氮流量 2mL/min（总烃柱），8mL/min（甲烷柱）。

燃气：氧气流量 30mL/min；助燃气：空气流量 350mL/min；尾吹气：高纯氮流量 5mL/min（甲烷柱、总烃柱）。

2）标准曲线的绘制

以氮气为载气测定总烃和非甲烷烃的流程如图 7-12 所示。在选定的色谱条件下，准确抽取 1.0mL 标准系列的气体样品，分别在总烃柱和甲烷柱上进样，每个浓度重复 3 次，取峰高的平均值。以总烃含量（mg/m³）为横坐标，以相对应的平均峰高为纵坐标，绘制总烃的标准曲线，同样以甲烷含量（mg/m³）为横坐标，以相对应的平均峰高为纵坐标，绘制甲烷的标准曲线，以此计算各自的标准曲线回归方程。

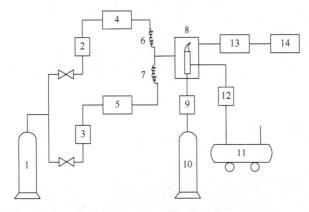

图 7-12　气相色谱法测定总烃流程示意图

1. 氮气瓶；2、3、9、12. 净化器；4、5. 六通阀（带 1mL 定量管）；6.GDX-104 柱；7. 空柱；8. FID；10. 氮气瓶；11. 空气压缩机；13. 放大器；14. 记录仪

3. 样品分析

在规定的色谱条件下，将空气试样、除烃净化空气分别依次经定量管和六通阀注入，通过色谱仪空柱到达检测器，可分别得到两种气样的色谱峰。在相同分析条件下，将空气试样通过定量管和六通阀注入仪器，经 GDX-104 柱分离后到达检测器，可得到气样中甲烷的峰高。

4. 注意事项

实验过程中，需严格控制载气、助燃气及氢气流量，保证测定的准确度。

【实验数据记录与处理】

按下式计算空气中总烃（以 CH_4 计）、甲烷和非甲烷烃的含量：

$$\rho_{总烃} = \frac{h_t - h_a}{h_s} \times \rho_s$$

$$\rho_{甲烷} = \frac{h_m}{h_s'} \times \rho_s$$

$$非甲烷烃浓度 = 总烃浓度 - 甲烷浓度$$

式中：h_t 为空气试样中总烃与氧的总峰高；h_a 为除烃后净化空气的峰高；h_s 为甲烷标准气的峰高；h_m 为气样中甲烷的峰高；h_s' 为甲烷标准气中甲烷的峰高；ρ_s 为甲烷标准气的浓度，mg/m^3。

【思考题】

1. 以氮气为载气测定总烃时，总烃峰中包含氧峰，即空气中的氧会产生正干扰。有哪些方法可以消除此类干扰？本实验采用的是哪一种？
2. 思考本实验中质量保证与质量控制的技术规范。

第8章 其他环境污染物的监测

实验39 室内空气污染物监测

【实验目的与意义】

1. 了解室内空气污染物的种类、来源与危害；
2. 了解室内空气污染物浓度的基本监测方法；
3. 掌握监测室内空气VOCs污染物的气相色谱法。

【实验原理】

随着近年来家居装修业的发展，各种建筑材料被广泛应用，室内环境污染也日益严重。现场监测结果表明，室内某些污染物的水平远远大于室外，特别是新居室内的挥发性有机化合物（VOCs），如芳香烃（苯、甲苯、二甲苯等）、酮类、醛类、氨和胺类等，其浓度足以对人类健康构成危害。世界卫生组织（WHO）认为，室内空气的主要污染物有可吸入颗粒物、气溶胶、SO_2、NO_x、CO、CO_2、氨、甲醛、VOCs、PAHs、尼古丁、丙烯醛、氡、砷、汞和微生物等。其中大部分污染物的检测在前面已有介绍，本实验主要以VOCs为监测对象。

室内VOCs主要来源于隔热材料、板材及家具、涂料、日用化学品污染、厨房污染和室内人为活动等几大方面。目前在室内环境空气中已检出300多种VOCs，其中多数化合物对人体有害，有的还具有三致作用。VOCs对人体健康的影响可分为三种类型：①气味和感官效应。包括感官刺激，感觉干燥。②黏膜刺激和毒性导致的其他系统病态。刺激眼黏膜、鼻黏膜、呼吸道和皮肤等；VOCs很容易通过血液—大脑的障碍，从而导致中枢神经系统受到抑制，使人产生头痛、乏力、昏昏欲睡和不舒服的感觉。③基因毒性和致癌性。很多VOCs被证明是致癌物或可疑致癌物，如苯、氯乙烯、四氯乙烯、三氯乙烷、三氯乙烯等。

气相色谱法是室内空气中VOCs监测的主要方法。本实验采用活性炭吸附/二硫化碳解吸/气相色谱法监测室内空气中的芳烃，基本原理为，空气中的苯用活性炭管采集，然后用二硫化碳溶剂提取，气相色谱毛细柱分离，氢火焰离子化检测器测定，以保留时间定性，峰高或峰面积定量。

当采样量为20L时，用1mL二硫化碳提取，进样量1μL，本方法的测定范围为0.05～10mg/m³。

【 实验试剂与仪器 】

1. 试剂

苯：色谱纯；二硫化碳：分析纯，需经纯化处理，保证色谱分析无杂峰；椰子壳活性炭，20～40 目，用于装活性炭采样管；高纯氮：99.999%。

2. 仪器

（1）活性炭采样管。用长 150mm、内径为 3.5～4.0mm、外径 6mm 的玻璃管，装入 100mg 椰子壳活性炭，两端用少量玻璃棉固定。装好管后再用纯氮气于 300～350℃温度条件下吹 5～10min，然后套上塑料帽封紧管的两端。此管放于干燥器中可保存 5 天。若将玻璃管熔封，此管可稳定 3 个月。

（2）空气采样器。流量范围 0.2～1L/min，流量稳定。使用时用皂膜流量计校准采样系统在采样前和采样后的流量，误差应小于 5%。

（3）注射器。1mL、1μL、10μL、2mL，具塞刻度试管，体积刻度误差应校正。

（4）气相色谱仪。附氢火焰离子化检测器。色谱柱：30m×0.53mm 大口径非极性石英毛细管柱。

【 实验方法与步骤 】

1. 采样和样品保存

在采样地点打开活性炭管，两端孔径至少 2mm，与空气采样器入气口垂直连接，以 0.5L/min 的速度抽取 20L 空气。采样后，将管的两端套上塑料帽，并记录采样时的温度和大气压力。

2. 标准曲线

标准曲线要与样品的分析条件完全相同。

用标准溶液绘制标准曲线：于 5mL 容量瓶中，先加入二硫化碳至刻度，用微量注射器取 1μL 纯苯配成一定浓度的苯标准储备液，临用前取一定量的储备液用二硫化碳逐级稀释成含苯量分别为 2μg/mL、5μg/mL、10μg/mL 和 50μg/mL 的标准溶液，取 1μL 标准溶液进样，每个浓度点测定 3 次，取峰高平均值作为纵坐标，以 1μL 中苯的质量作为横坐标，绘制标准曲线，计算 $y = ax + b$ 回归方程，以斜率 a 的倒数作为校正因子（μg/mm）。

3. 样品分析

将采样管中的活性炭倒入具塞刻度试管中，加 1.0mL 二硫化碳，塞紧管塞，放置 1h，并不时振摇，取 1μL 进样，用保留时间定性，峰高（mm）定量。

　　每个样品做三次分析，求峰高的平均值。同时，取一个未经采样的活性炭管按样品管同时操作，测量空白管的平均峰高（mm）。

【实验数据记录与处理】

　　将采样体积按理想气体状态方程换算成标准状态下的采样体积：
$$V_0 = V(T_0 / T)(p / p_0)$$
式中：V_0 为换算成标准状态下的采样体积，L；V 为采样体积，L；T_0 为标准状态下的热力学温度，273.15K；T 为采样时采样点现场的温度 t 与标准状态的热力学温度之和，$(t+273.15)$ K；p_0 为标准状态下的大气压力，101.325kPa；p 为采样点的大气压力，kPa。

　　室内空气中苯浓度按下式计算：
$$c = (h - h') \times b / (V_0 \times E)$$
式中：c 为空气中苯、甲苯或二甲苯等的浓度，mg/m^3；h 为样品峰高的平均值，mm；h' 为空白管的峰高，mm；b 为校正因子，μg/mm；E 为由实验确定的二硫化碳提取的效率；V_0 为标准状态下的采样体积。

【思考题】

　　1. 本实验中采用的是溶剂解吸技术，与热解吸相比，有哪些特点？
　　2. 二硫化碳作为优良的解吸剂，却味道极大、毒性极强，会再次污染空气，如何改进？
　　3. 当室内空气中湿度较大时，会影响活性炭管的采样效率，如何改进？

实验 40　机动车尾气污染物监测

【实验目的与意义】

　　1. 了解机动车尾气的组成及其产生的机理；
　　2. 熟悉机动车尾气对环境的影响；
　　3. 掌握机动车尾气分析仪的测量原理和操作方法。

【实验原理】

　　随着社会经济的快速发展，人们生活水平不断提高，各类机动车的使用数量在不断增加，在汽车给人们带来交通便利的同时，也对环境空气带来污染。机动车尾气成分非常复杂，有 100 种以上，其主要污染物包括 CO_2、O_2、N_2、CO、NO_x、碳氢化合物（HC）、碳烟等，其中 CO、HC、NO_x 和碳烟对人类和环境造成很大的危害。CO 是因燃烧时供氧不足造成的，在汽油机中，主要是由于混合气较浓，在柴油机中是由于局部缺氧。HC 是由于燃烧时不完全及低温缸壁使火焰受冷熄灭，电火花微弱，混合气形成条件不良而造成的。NO_x 是燃烧过程中在高温、高压条件下原子氧和氮化合的结果。碳烟是燃油在高温缺氧条件下裂解生成的。机动车的尾气排放已经对城市环境空气质量造成严重影响，成为城市大气主要污染源。因此，对机动车尾气排放组成的检测成为一项非常重要的工作。

机动车在怠速工况下［怠速工况：指发动机无负载运转状态，即离合器处于结合位置，变速箱处于空挡位置（对于自动变速箱的车应处于"停车"或"P"挡位）；采用化油器供油系统的车，阻风门处于全开位置；油门踏板处于完全松开位置］，发动机汽缸内通常处于不完全燃烧状况，此时尾气中 CO 和 HC 的排放相对较高，但 NO_x 排放则很低。由于怠速工况时机动车没有行驶负载，无须底盘测功机就可进行尾气排放检测，故虽然怠速时不能全面反映实际运行工况下的机动车排放，但仍是目前各国普遍采用的在用车排放检测方法之一。而怠速排放检测又是汽油车排放检测中常用的简单方便方法。通过检测可以判定汽车发动机燃烧是否达到正常状态，从而降低尾气污染物排放量和油耗。

机动车尾气怠速检测的主要是尾气中 CO 和 HC 含量，一般采用多气体（四气：HC、CO、CO_2、O_2；或五气：HC、CO、CO_2、O_2、NO）红外气体分析仪。其基本原理是根据物质分子吸收红外辐射的物理特性，利用红外线分析测量技术确定物质的浓度。红外线气体分析仪光学平台的示意图如图 8-1 所示。测试原理：红外光源发射出的连续光谱全部通过长度固定的含有被测气体混合组分的气体层，利用待测气体成分对特定波长的红外辐射能的吸收程度来测定它的浓度，测量温度变化或由红外探测器将热量变化转换为压力变化，测定温度或压力参数以完成对气体浓度的定量分析。

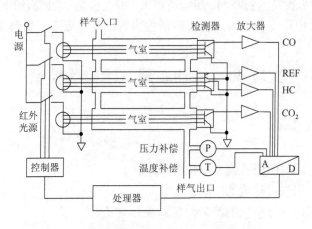

图 8-1　红外线气体分析仪光学平台示意图

大多数气体分子的振动和转动光谱都在红外波段。当入射红外辐射的频率与分子的振动转动特征频率相同时，红外辐射就会被气体分子吸收，引起辐射强度的衰减。利用这种气体分子对红外辐射吸收的原理而制成的红外气体分析仪，具有测量精度高、速度快以及能连续测定等特点。红外光源辐射的红外线，经由微处理器操作的电子开关控制发出低频的红外光脉冲，检测和参比脉冲光束通过气室到达检测器，多元型的检测器的检测单元前均有一个窄带干涉光滤片，红外光电检测器件分别接收对应波长的光，将光电信号线性放大后，送入 A/D 转换器，转换成数字信号送到微处理器处理。在检测气路上分别有压力传感器和温度传感器进行压力和温度补偿校正，以消除外界环境变化对气体浓度测量误差的影响。

红外线气体分析仪工作原理见图 8-2。尾气经取样探头通过一级过滤器，再经过二级过滤器过滤，由电磁阀进入采样气泵，形成样气后，被送入红外光学平台的气室，检测各种气体。CO 对 4.67μm 波长的红外线敏感，HC 对 3.45μm 波长的红外线敏感，各种气体红外线敏感波长见图 8-3。

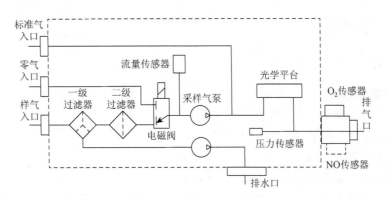

图 8-2　红外线气体分析仪

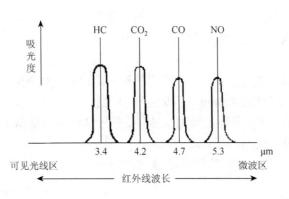

图 8-3　气体红外线敏感波长

【实验仪器与设备】

1. 仪器

汽油车尾气四气（或五气）分析仪，1 台；取样软管，长度 5.0m；取样探头（附插深定位装置），长度 600mm；转速计，1 台；点火正时仪，1 台；测温计，1 个。

仪器的取样系统不得有泄漏，由标气口静态标定和出取样系统动态标定的结果应与 CO 一致，对 HC 允差为 $1.00×10^{-6}$；仪器应有在大气压为 86~106kPa 范围内保持上述各项性能指标要求的措施。

2. 设备

受检车辆或发动机，不同型号若干台。

进气系统装有空气滤清器，排气系统装有排气消声器，无泄漏；汽油符合 GB 17930—2013 的规定；测量时发动机冷却水和润滑油温度应达到汽车使用说明书所规定的热状态；自 1995 年 7 月 1 日起新生产汽油发动机应具有怠速螺钉限制装置，点火提前角在其可调整范围内都应达到排放标准要求。

【实验方法与步骤】

1. 怠速检测

1）怠速测试条件

（1）使汽车离合器处于接合位置。

（2）油门踏板与手油门位于松开位置。

（3）变速杆位于空挡。

（4）采用化油器供油的汽车，发动机阻风门全开。

（5）待发动机达到规定的热状态（四冲程水冷发动机的水温在 60℃以上，风冷发动机的油温在 40℃以上）。

（6）按制造厂的规定的调整法将发动机转速调至规定的怠速转速和点火正时。

（7）在确定排气系统无泄漏的情况下，用尾气分析仪进行测量。

2）怠速尾气分析

发动机由怠速工况加速至 0.7r/min 额定转速，维持 60s 后降至怠速状态，然后将取样探头插入排气管中，深度为 400mm，并固定于排气管上。维持 15s 后开始读数，读取 30s 内的最高值和最低值，求其平均值为测量结果。分析仪的操作根据不同型号的操作规程进行，可参考《尾气分析仪的操作使用手册》。

若为多排气管时，取各排气管测量结果的算术平均值。

2. 双怠速检测

发动机由怠速工况加速至 0.7r/min 额定转速，维持 60s 后降至高怠速，即 0.5r/min 额定转速，然后将取样探头插入排气管中，深度为 400mm，并固定于排气管上，维持 15s 后开始读数，读取 30s 内的最高值和最低值，其平均值为高怠速排放测量结果。发动机从高怠速状态降至怠速状态，在怠速状态维持 15s 后开始读数，读取 30s 内的最高值和最低值，其平均值为怠速排放测量结果。

若为多排气管时，分别取各排气管高怠速排放测量结果的平均值和怠速排放测量结果的平均值。

3. 注意事项

（1）红外线法气体分析对工作环境的要求较严格。

（2）影响红外线法气体分析准确性有五种因素：电源电压、电源频率、环境温度、大气压力、电阻丝材料的阻值稳定性及表面化学稳定性。

（3）各种因素的变化会影响光谱成分的变化，导致测量误差的增加。

（4）环境温度要求控制在 5～35℃，开机后应保证有足够的预热时间，使系统内部达到热平衡，否则输出信号会出现漂移。

【实验数据记录与处理】

将测量数据填写入表 8-1 得出结果。

表 8-1　机动车尾气污染物测量记录表

尾气分析仪型号：_____

转速仪型号：_____　　　点火正时仪型号：_____

大气压力：_____MPa　　　大气温度：_____℃

测量序号	机动车型号	转速/ (r/min)	点火提前角/(°)	CO 体积分数/%			HC 体积分数/10^{-6}			备注
				最高值 ρ_1	最低值 ρ_2	平均值 $(\rho_1+\rho_2)/2$	最高值 ρ_1	最低值 ρ_2	平均值 $(\rho_1+\rho_2)/2$	
1										怠速
2										怠速
3										怠速
1										双怠速
2										双怠速
3										双怠速

【思考题】

1. 机动车尾气组成有哪些？对环境和人类的危害是什么？

2. 根据测量结果，被检测的车辆（或发动机）是否能够达标？

3. 双怠速法为什么不能反映实际运行工况下的机动车排放？替代的在用车排放检测方法是什么？

4. 试讨论检测实验存在的问题和解决方法。

实验 41　餐厅油烟尾气污染物监测

【实验目的与意义】

1. 了解餐厅油烟的组分和危害；

2. 掌握红外分光光度法监测餐厅油烟尾气污染物。

【实验原理】

饮食业的快速发展，对繁荣经济，方便、丰富人民群众的物质文化生活起到了较大的作用，但该行业网点遍布城市大街小巷，尤其是人口集中居住区，营业中带来的油烟污染问题日益受到人们的关注和重视。餐饮油烟中含有 75 种以上的有机物，包括烷烃、醛酮类及其衍生物。传统中式烹调以燃烧为主要方式，导致厨房的温度偏高，并且产生大量的油烟气。当油烟的温度超过 300℃时，形成大量的自由基和脂质过氧化物，且脂溶性高，容易进入血液循环，对机体具有肺脏毒性、免疫毒性、致癌致突变性，而且在体内诱导形成的自由基是癌症的病理基础之一。同时，食物烹调中产生的某些刺激性气味随油烟仪器排放到周围环境中，对人体的呼吸系统、视觉器官和健康造成了极大的影响。因此需要寻求一种适合于饮食业油烟监测的方法。

本实验采用红外分光光度法进行餐厅油烟尾气的监测，基本原理为，用等速采样法抽取抽油烟机外管道内的气体，将油烟吸附在油烟采集头内，然后，将收集了油烟的采集滤筒置于带盖的聚四氟乙烯套筒中，在实验室用四氯化碳作溶剂进行超声清洗，再移入比色管中定容，用红外分光光度法测定油烟的含量。油烟组成的红外吸收波数分别为 $2930cm^{-1}$（CH_2 基团中 C—H 键的伸缩振动）、$2960cm^{-1}$（CH_2 基团中 C—H 键的伸缩振动）和 $3030cm^{-1}$（芳香环中 C—H 键的伸缩振动），测定这些谱带处的吸光度 A_{2930}、A_{2960}、A_{3030}，通过相应的计算，确定油烟浓度。

【实验试剂与仪器】

1. 试剂

四氯化碳：分析纯四氯化碳经一次蒸馏，控制蒸馏温度 70～74℃。在 2600～3300cm^{-1} 吸光度不超过 0.03（4cm 比色皿）。

标准油：在 500mL 三口瓶中加入 300mL 的食用花生油，插入量程为 500℃的温度计，控制温度于 120℃，敞口加热 30min，然后在其正上方安装一空气冷凝管，加热油温至 300℃，回流 2h，即得标准油。

2. 仪器

红外分光光度计；石英比色皿，4cm 带盖；超声波清洗器；油烟采样器，智能型；金属滤筒；清洗杯（带盖聚四氟乙烯圆柱形套筒）；数字温度计；容量瓶，50mL、25mL；比色管，25mL。

【实验方法与步骤】

1. 采样

（1）启动并调节智能型油烟采样器处于良好状态，检查气密性。

（2）将采样管推进抽油烟机排气管道内，以 15～20L/min 的流量抽气。

（3）利用智能型油烟采样仪自身配备的皮托管测定烟气动压和静压，计算烟气流量和流速，进而确定采样嘴直径相等的采样流量。

（4）安装采样嘴及滤筒，装滤筒时将滤筒直接从聚四氟乙烯套筒中倒入采样头内，注意不要污染滤筒表面。

（5）将采样管放入抽油烟机排气管道内，设置采样时间，启动油烟采样器进行采样。

（6）收集了油烟的滤筒应立即转入聚四氟乙烯清洗杯中，盖紧杯盖。样品若不能在 24h 内检测，可在冰箱内冷藏（<4℃）保存 7 天。

2. 分析测定

（1）把采样后的滤筒浸泡在存有 12mL 蒸馏后的四氯化碳溶剂的聚四氟乙烯清洗杯中，盖好杯盖，置于超声仪中，超声清洗 10min，把清洗液转移到 25mL 比色管中。

（2）在清洗杯中加入 6mL 四氯化碳，超声清洗 5min。同样把清洗液转移到上述 25mL 比色管中。

（3）用少许四氯化碳清洗滤筒及清洗杯两次，一并转移到上述 25mL 比色管中，加入四氯化碳稀释到标线，得到样品溶液。

（4）红外分光光度法测定。

①预热：测定前先将红外测定仪预热 1h 以上，调节好零点和满刻度，固定某一组校正系数。

②标准溶液的配制：在 0.00001 精度的天平上准确称取食用油标准样品 1g 于 50mL 容量瓶中，用蒸馏后的分析纯四氯化碳稀释至刻度，贴上标签 A，为 A 液；取 A 液 1.00mL 于 50mL 容量瓶中用上述纯四氯化碳稀释至刻度，得标准中间液 B，移取一定量的 B 溶液于 25mL 容量瓶中，用纯四氯化碳稀释至刻度，配成系列标准溶液（浓度范围 0～60mg/L）。

③标准曲线的绘制：分别将各标准液置于 4cm 比色皿中，利用红外分光光度计测量 $2930cm^{-1}$、$2960cm^{-1}$ 和 $3030cm^{-1}$ 谱带处的吸光度，绘制标准曲线。

④样品测定：将样品溶液置于 4cm 比色皿中，利用红外分光光度计测量吸光度，根据标准曲线转换成浓度。

【实验数据记录与处理】

红外分光光度法测定的油烟浓度是油烟在四氯化碳中的浓度，需要换算成实际油烟气中的油烟浓度。计算公式为

$$\rho_0 = \frac{\rho_L V_L}{1000 V_0}$$

式中：ρ_0 为油烟排放浓度，mg/m^3；ρ_L 为滤筒清洗液中的油烟浓度，mg/L；V_L 为滤筒清洗

液稀释定容体积，mL；V_0 为标准状况下干烟气采集体积，m^3。

【思考题】

1. 从实验结果，你能得出哪些结论？
2. 本实验有哪些需要改进之处？

主要参考文献

崔九思，王钦源，王汉平. 1997. 大气污染监测方法. 北京：化学工业出版社.

淡美俊，赵怡. 2015. 液相微萃取的概念及应用. 中国科技术语，17（1）：57-59.

国家环境保护局，《空气和废气监测分析方法》编写组. 1995. 空气和废气监测分析方法. 北京：中国环境科学出版社.

郝吉明，段雷. 2004. 大气污染控制工程实验. 北京：高等教育出版社.

环境空气 臭氧的测定 紫外光度法. 中华人民共和国国家环境保护标准. HJ 590—2010.

环境空气 挥发性卤代烃的测定 活性炭吸附-二硫化碳解吸/气相色谱法. 中华人民共和国国家环境保护标准. HJ 645—2013.

环境空气 醛、酮类化合物的测定 高效液相色谱法. 中华人民共和国国家环境保护标准. HJ 683—2014.

环境空气和废气 气相和颗粒物中多环芳烃的测定 气相色谱-质谱法. 中华人民共和国国家环境保护标准. HJ 646—2013.

江桂斌. 2003. 环境样品前处理技术. 北京：化学工业出版社.

李国刚，付强，吕怡兵. 2013. 环境空气和废气污染物分析测试方法. 北京：化学工业出版社.

刘刚，徐慧，谢学俭，等. 2012. 大气环境监测. 北京：气象出版社.

陆建刚，陈敏东，张慧. 2016. 大气污染控制工程实验. 2版. 北京：化学工业出版社.

孙成，于红霞. 2003. 环境监测实验. 北京：科学出版社.

王安群，欧阳文，李倦生. 2008. 离子色谱法同时测定大气中二氧化硫和氮氧化物. 中国环境监测，24（2）：21-24.

杨胜科，席临平，易秀. 2008. 环境科学实验技术. 北京：化学工业出版社.

曾凡刚. 2003. 大气环境监测. 北京：化学工业出版社.

赵晓莉，徐建强，陈敏东. 2016. 环境监测综合实验. 北京：气象出版社.

《空气和废气监测分析方法指南》编委会. 2006. 空气和废气监测分析方法指南（上册）. 北京：中国环境科学出版社.

Lu J G，Lu C T，Chen Y，et al. 2014. CO$_2$ capture by membrane absorption coupling process: Application of ionic liquids. Applied Energy，115：573-581.

Lu J G，Lu Z Y，Chen Y，et al. 2005. CO$_2$ absorption into aqueous blends of ionic liquid and amine in a membrane contactor. Separation and Purification Technology，150：278-285.

Lu J G，Wang L，Sun X，et al. 2005. Absorption of CO$_2$ into aqueous solutions of activated MDEA and MDEA from gas-mixture in a hollow fiber contactor. Industrial & Engineering Chemistry Research，44（24）：9230-9238.

Lu J G，Zheng Y F，Cheng M D，et al. 2007. Effects of activators on mass transfer enhancement in a hollow fiber contactor using activated alkanolamine solutions. Journal of Membrane Science，289：138-149.

Lu J G，Zheng Y F，He D L，et al. 2006. Selective absorption of H$_2$S from gas mixtures into aqueous solutions of blended amines of MDEA-TBEE in a packed column. Separation and Purification Technology，52：209-217.

附　录

附录 1　多环芳烃物理常数

序号	化合物名称	英文名称	化学登记号	分子式	相对分子质量	熔点/℃	沸点/℃	蒸气压/kPa（25℃）	结构式
1	萘	naphthalene	91-20-3	$C_{10}H_8$	128.18	80.2	218	1.1×10^{-2}	
2	苊烯	acenaphthylene	208-96-8	$C_{12}H_8$	152.20	92～93	265-280	3.9×10^{-3}	
3	苊	acenaphthene	83-32-9	$C_{12}H_{10}$	154.21	90～95	279	2.1×10^{-3}	
4	芴	fluorene	86-73-7	$C_{13}H_{10}$	166.22	112～116	298	8.7×10^{-5}	
5	菲	phenanthrene	85-01-8	$C_{14}H_{10}$	178.23	97～101	336	2.3×10^{-6}	
6	蒽	anthracene	120-12-7	$C_{14}H_{10}$	178.23	215～218	340	3.6×10^{-6}	
7	荧蒽	fluoranthene	206-44-0	$C_{16}H_{10}$	202.25	109～111	384	6.5×10^{-7}	
8	芘	pyrene	129-00-0	$C_{16}H_{10}$	202.25	145～148	393	3.1×10^{-6}	
9	苯并[a]蒽	benz[a]anthracene	56-55-3	$C_{18}H_{12}$	228.29	160.5	435	1.5×10^{-8}	
10	䓛	chrysene	218-01-9	$C_{18}H_{12}$	228.29	246～256	448	5.7×10^{-10}	
11	苯并[b]荧蒽	benzo[b]fluoranthene	205-99-2	$C_{20}H_{12}$	252.31	168	481	6.7×10^{-8}	
12	苯并[k]荧蒽	benzo[k]fluoranthene	207-08-9	$C_{20}H_{12}$	252.31	217	480	2.1×10^{-8}	
13	苯并[a]芘	benzo[a]pyrene	50-32-8	$C_{20}H_{12}$	252.31	177～180	495	7.3×10^{-10}	
14	茚并[1, 2, 3-c, d]芘	indeno[1, 2, 3-c, d] pyrene	193-39-5	$C_{22}H_{12}$	276.33	162～163	—	10^{-11}	

续表

序号	化合物名称	英文名称	化学登记号	分子式	相对分子质量	熔点/℃	沸点/℃	蒸气压/kPa（25℃）	结构式
15	二苯并[a, h]蒽	dibenz[a, h] anthracene	53-70-3	$C_{22}H_{14}$	278.35	266~267	524	$1.3×10^{-11}$	
16	苯并[g, h, i]苝	benzo[g, h, i] perylene	191-24-2	$C_{22}H_{12}$	276.30	278	550	$1.3×10^{-11}$	

附录2　多环芳烃标准总离子流图

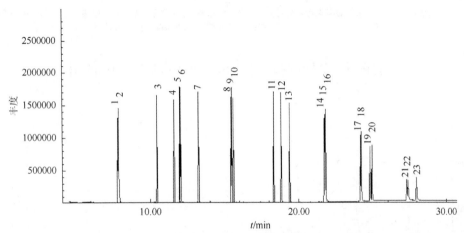

1. 萘-d_8；2. 萘；3. 2-氟联苯；4. 苊烯；5. 苊-d_{10}；6. 苊；7. 芴；8. 菲-d_{10}；9. 菲；10. 蒽；11. 荧蒽；12. 芘；
13. 对三联苯-d_{14}；14. 苯并[a]蒽；15. 䓛-d_{12}；16. 䓛；17. 苯并[b]荧蒽；18. 苯并[k]荧蒽；19. 苯并[a]芘；
20. 芘-d_{12}；21. 茚并[1, 2, 3-c, d]芘；22. 二苯并[a, h]蒽；23. 苯并[g, h, i]苝

附录3　十三种醛酮腙标样的液相色谱参考图

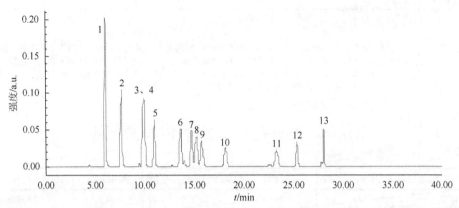

1. 甲醛；2. 乙醛；3. 丙烯醛；4. 丙酮；5. 丙醛；6. 丁烯醛；7. 甲基丙烯醛；8. 丁酮；9. 正丁醛；10. 苯甲醛；
11. 戊醛；12. 间甲基苯甲醛；13. 己醛

附录 4 酚类化合物标准液相色谱图

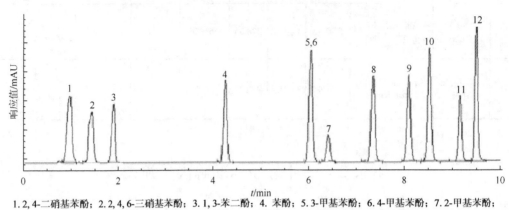

1.2,4-二硝基苯酚；2.2,4,6-三硝基苯酚；3.1,3-苯二酚；4. 苯酚；5.3-甲基苯酚；6.4-甲基苯酚；7.2-甲基苯酚；
8.4-氯苯酚；9.2,6-二甲基苯酚；10.2-萘酚；11.1-萘酚；12.2,4-二氯苯酚

附录 5 21 种挥发性卤代烃的标准色谱图

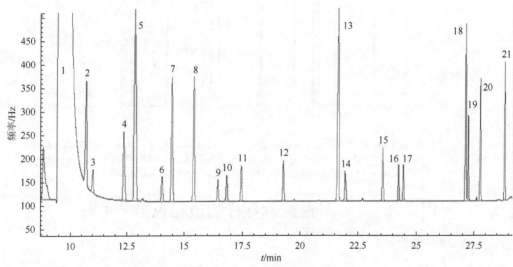

1. 二硫化碳（溶剂峰）；2. 反式-1,2-二氯乙烯；3.1,1-二氯乙烷；4. 顺式-1,2-二氯乙烯；5. 三氯甲烷；6.1,2-二氯乙烷；
7.1,1,1-三氯乙烷；8. 四氯化碳；9.1,2-二氯丙烷；10. 三氯乙烯；11.1-溴-2-氯乙烷；12.1,1,2-三氯乙烷；
13. 四氯乙烯；14. 氯苯；15. 三溴甲烷；16.1,1,2,2-四氯乙烷；17.1,2,3-三氯丙烷；18. 苄基氯；
19.1,4-二氯苯；20.1,2-二氯苯 + 1,3-二氯苯；21. 六氯乙烷

附录 6 不同温度下水的饱和蒸气压

温度 $t/^{\circ}C$	饱和蒸气压 $p/(\times 10^3 Pa)$	温度 $t/^{\circ}C$	饱和蒸气压 $p/(\times 10^3 Pa)$	温度 $t/^{\circ}C$	饱和蒸气压 $p/(\times 10^3 Pa)$
0	0.61129	2	0.70605	4	0.81359
1	0.65716	3	0.75813	5	0.87260

温度 $t/℃$	饱和蒸气压 $p/(×10^3Pa)$	温度 $t/℃$	饱和蒸气压 $p/(×10^3Pa)$	温度 $t/℃$	饱和蒸气压 $p/(×10^3Pa)$
6	0.93537	45	9.5898	84	55.585
7	1.0021	46	10.094	85	57.815
8	1.0730	47	10.620	86	60.119
9	1.1482	48	11.171	87	62.499
10	1.2281	49	11.745	88	64.958
11	1.3129	50	12.344	89	67.496
12	1.4027	51	12.970	90	70.117
13	1.4979	52	13.623	91	72.823
14	1.5988	53	14.303	92	75.614
15	1.7056	54	15.012	93	78.494
16	1.8185	55	15.752	94	81.465
17	1.9380	56	16.522	95	84.529
18	2.0644	57	17.324	96	87.688
19	2.1978	58	18.159	97	90.945
20	2.3388	59	19.028	98	94.301
21	2.4877	60	19.932	99	97.759
22	2.6447	61	20.873	100	101.32
23	2.8104	62	21.851	101	104.99
24	2.9850	63	22.868	102	108.77
25	3.1690	64	23.925	103	112.66
26	3.3629	65	25.022	104	116.67
27	3.5670	66	26.163	105	120.79
28	3.7818	67	27.347	106	125.03
29	4.0078	68	28.576	107	129.39
30	4.2455	69	29.852	108	133.88
31	4.4953	70	31.176	109	138.50
32	4.7578	71	32.549	110	143.24
33	5.0335	72	33.972	111	148.12
34	5.3229	73	35.448	112	153.13
35	5.6267	74	36.978	113	158.29
36	5.9453	75	38.563	114	163.58
37	6.2795	76	40.205	115	169.02
38	6.6298	77	41.905	116	174.61
39	6.9969	78	43.665	117	180.34
40	7.3814	79	45.487	118	186.23
41	7.7840	80	47.373	119	192.28
42	8.2054	81	49.324	120	198.48
43	8.6463	82	51.342	121	204.85
44	9.1075	83	53.428	122	211.38

温度 t/℃	饱和蒸气压 p/($\times 10^3$Pa)	温度 t/℃	饱和蒸气压 p/($\times 10^3$Pa)	温度 t/℃	饱和蒸气压 p/($\times 10^3$Pa)
123	218.09	162	649.73	201	1568.4
124	224.96	163	666.25	202	1619.7
125	232.01	164	683.10	203	1653.6
126	239.24	165	700.29	204	1688.0
127	246.66	166	717.83	205	1722.9
128	254.25	167	735.70	206	1758.4
129	262.04	168	753.94	207	1794.5
130	270.02	169	772.52	208	1831.1
131	278.20	170	791.47	209	1868.4
132	286.57	171	810.78	210	1906.2
133	295.15	172	830.47	211	1944.6
134	303.93	173	850.53	212	1983.6
135	312.93	174	870.98	213	2023.2
136	322.14	175	891.80	214	2063.4
137	331.57	176	913.03	215	2104.2
138	341.22	177	934.64	216	2145.7
139	351.09	178	956.66	217	2187.8
140	361.19	179	979.09	218	2230.5
141	371.53	180	1001.9	219	2273.8
142	382.11	181	1025.2	220	2317.8
143	392.92	182	1048.9	221	2362.5
144	403.98	183	1073.0	222	2407.8
145	415.29	184	1097.5	223	2453.8
146	426.85	185	1122.5	224	2500.5
147	438.67	186	1147.9	225	2547.9
148	450.75	187	1173.8	226	2595.9
149	463.10	188	1200.1	227	2644.6
150	475.72	189	1226.1	228	2694.1
151	488.61	190	1254.2	229	2744.2
152	501.78	191	1281.9	230	2795.1
153	515.23	192	1310.1	231	2846.7
154	528.96	193	1338.8	232	2899.0
155	542.99	194	1368.0	233	2952.1
156	557.32	195	1397.6	234	3005.9
157	571.94	196	1427.8	235	3060.4
158	586.87	197	1458.5	236	3115.7
159	602.11	198	1489.7	237	3171.8
160	617.66	199	1521.4	238	3288.6
161	633.53	200	1553.6	239	3286.3

温度 $t/℃$	饱和蒸气压 $p/(\times10^3Pa)$	温度 $t/℃$	饱和蒸气压 $p/(\times10^3Pa)$	温度 $t/℃$	饱和蒸气压 $p/(\times10^3Pa)$
240	3344.7	279	6317.2	318	10984
241	3403.9	280	6413.2	319	11131
242	3463.9	281	6510.5	320	11279
243	3524.7	282	6608.9	321	11429
244	3586.3	283	6708.5	322	11581
245	3648.8	284	6809.2	323	11734
246	3712.1	285	6911.1	324	11889
247	3776.2	286	7014.1	325	12046
248	3841.2	287	7118.3	326	12204
249	3907.0	288	7223.7	327	12364
250	3973.6	289	7330.2	328	12525
251	4041.2	290	7438.0	329	12688
252	4109.6	291	7547.0	330	12852
253	4178.9	292	7657.2	331	13019
254	4249.1	293	7768.6	332	13187
255	4320.2	294	7881.3	333	13357
256	4392.2	295	7995.2	334	13528
257	4465.1	296	8110.3	335	13701
258	4539.0	297	8226.8	336	13876
259	4613.7	298	8344.5	337	14053
260	4689.4	299	8463.5	338	14232
261	4766.1	300	8583.8	339	14412
262	4843.7	301	8705.4	340	14594
263	4922.3	302	8828.3	341	14778
264	5001.8	303	8952.6	342	14964
265	5082.3	304	9078.2	343	15152
266	5163.8	305	9205.1	344	15342
267	5246.3	306	9333.4	345	15533
268	5329.8	307	9463.1	346	15727
269	5414.3	308	9594.2	347	15922
270	5499.9	309	9726.7	348	16120
271	5586.4	310	9860.5	349	16320
272	5674.0	311	9995.8	350	16521
273	5762.7	312	10133	351	16825
274	5852.4	313	10271	352	16932
275	5943.1	314	10410	353	17138
276	6035.0	315	10551	354	17348
277	6127.9	316	10694	355	17561
278	6221.9	317	10838	356	17775

续表

温度 t/℃	饱和蒸气压 p/($\times 10^3$Pa)	温度 t/℃	饱和蒸气压 p/($\times 10^3$Pa)	温度 t/℃	饱和蒸气压 p/($\times 10^3$Pa)
357	17992	363	19340	369	20780
358	18211	364	19574	370	21030
359	18432	365	19809	371	21286
360	18655	366	20048	372	21539
361	18881	367	20289	373	21803
362	19110	368	20533		

附录 7　常用溶剂沸点、溶解性和毒性

名称	沸点/℃	溶解性	毒性
液氨	−33.35	能溶解碱金属和碱土金属	剧毒性，腐蚀性
液态二氧化硫	−10.08	溶解胺、醚、醇、苯酚、有机酸、芳香烃、溴、二硫化碳，多数饱和烃不溶	剧毒
甲胺	−6.3	多数有机物和无机物的优良溶剂，与水、醚、苯、丙酮、低级醇混溶，其盐易溶于水，不溶于醇、醚、酮、氯仿、乙酸乙酯	中等毒性，易燃
二甲胺	7.4	有机物和无机物的优良溶剂，溶于水、低级醇、醚、低极性溶剂	强烈刺激性
石油醚		不溶于水，与丙酮、乙醚、乙酸乙酯、苯、氯仿及甲醇以及高级醇混溶	与低级烷相似
乙醚	34.6	微溶于水，与醇、醚、石油醚、苯、氯仿等多数有机溶剂混溶	麻醉性
戊烷	36.1	与乙醇、乙醚等多数有机溶剂混溶	低毒性
二氯甲烷	39.75	与醇、醚、氯仿、苯、二硫化碳等有机溶剂混溶	低毒性，麻醉性强
二硫化碳	46.23	微溶于水，与多种有机溶剂混溶	麻醉性，强刺激性
石油脑		与乙醇、丙酮、戊醇混溶	
丙酮	56.12	与水、醇、醚、烃混溶	低毒性，类似乙醇
1,1-二氯乙烷	57.28	与醇、醚等大多数有机溶剂混溶	低毒性，刺激性
氯仿	61.15	与乙醇、乙醚、石油醚、卤代烃、四氯化碳、二硫化碳等混溶	中等毒性，强麻醉性
甲醇	64.5	与水、乙醚、醇、酯、卤代烃、苯、酮混溶	中等毒性，麻醉性
四氢呋喃	66	优良溶剂，与水混溶，溶解乙醇、乙醚、脂肪烃、芳香烃、氯化烃	吸入微毒，经口低毒
己烷	68.7	与甲醇部分溶解，与比乙醇高的醇、醚丙酮、氯仿混溶	低毒性，麻醉性，刺激性
三氟代乙酸	71.78	与水、乙醇、乙醚、丙酮、苯、四氯化碳、己烷混溶，溶解多种脂肪族、芳香族化合物	有毒
1,1,1-三氯乙烷	74.0	与丙酮、甲醇、乙醚、苯、四氯化碳等有机溶剂混溶	低毒类溶剂
四氯化碳	76.75	与醇、醚、石油醚、石油脑、冰醋酸、二硫化碳、氯代烃混溶	强毒性
乙酸乙酯	77.112	与醇、醚、氯仿、丙酮、苯等大多数有机溶剂溶解，能溶解某些金属盐	低毒性，麻醉性
乙醇	78.3	与水、乙醚、氯仿、酯、烃类衍生物等有机溶剂混溶	微毒类，麻醉性

名称	沸点/℃	溶解性	毒性
丁酮	79.64	与丙酮相似，与醇、醚、苯等大多数有机溶剂混溶	低毒性，毒性强于丙酮
苯	80.10	难溶于水，与甘油、乙二醇、乙醇、氯仿、乙醚、四氯化碳、二硫化碳、丙酮、甲苯、二甲苯、冰醋酸、脂肪烃等大多有机物混溶	强烈毒性
环己烷	80.72	与乙醇、高级醇、醚、丙酮、烃、氯代烃、高级脂肪酸、胺类混溶	低毒性，中枢抑制作用
乙腈	81.60	与水、甲醇、乙酸甲酯、乙酸乙酯、丙酮、醚、氯仿、四氯化碳、氯乙烯及各种不饱和烃混溶，但是不与饱和烃混溶	中等毒性，大量吸入蒸气，引起急性中毒
异丙醇	82.40	与乙醇、乙醚、氯仿、水混溶	微毒性，类似乙醇
1,2-二氯乙烷	83.48	与乙醇、乙醚、氯仿、四氯化碳等多种有机溶剂混溶	高毒性，致癌
乙二醇二甲醚	85.2	溶于水，与醇、醚、酮、酯、烃、氯代烃等多种有机溶剂混溶。能溶解各种树脂，还是二氧化硫、氯化甲烷、乙烯等气体的优良溶剂	吸入和经口低毒
三氯乙烯	87.19	不溶于水，与乙醇、乙醚、丙酮、苯、乙酸乙酯、脂肪族氯代烃、汽油混溶	有毒品
三乙胺	89.6	易溶于氯仿、丙酮，溶于乙醇、乙醚	易爆，皮肤黏膜刺激性强
丙腈	97.35	溶解醇、醚、DMF、乙二胺等有机物，与多种金属盐形成加成有机物	高度性，与氢氰酸相似
庚烷	98.4	与己烷类似	低毒性，刺激性，麻醉性
硝基甲烷	101.2	与醇、醚、四氯化碳、DMF等混溶	麻醉性，刺激性
1,4-二氧六环	101.32	能与水及多数有机溶剂混溶	微毒
甲苯	110.63	不溶于水，与甲醇、乙醇、氯仿、丙酮、乙醚、冰醋酸、苯等有机溶剂混溶	低毒性，麻醉性
硝基乙烷	114.0	与醇、醚、氯仿混溶，溶解多种树脂和纤维素衍生物	刺激性
吡啶	115.3	与水、醇、醚、石油醚、苯、油类混溶	低毒性，皮肤黏膜刺激性
4-甲基-2-戊酮	115.9	能与乙醇、乙醚、苯等大多数有机溶剂和动植物油混溶	毒性和局部刺激性较强
乙二胺	117.26	溶于水、乙醇、苯和乙醚，微溶于庚烷	刺激皮肤、眼睛
丁醇	117.7	与醇、醚、苯混溶	低毒性，大于乙醇3倍
乙酸	118.1	与水、乙醇、乙醚、四氯化碳混溶，不溶于二硫化碳及 C_{12} 以上高级脂肪烃	低毒性，浓溶液毒性强
乙二醇一甲醚	124.6	与水、醛、醚、苯、乙二醇、丙酮、四氯化碳、DMF等混溶	低毒
辛烷	125.67	几乎不溶于水，微溶于乙醇，与醚、丙酮、石油醚、苯、氯仿、汽油混溶	低毒性，麻醉性
乙酸丁酯	126.11	优良的有机溶剂	低毒性
吗啉	128.94	溶解能力强，超过二氧六环、苯和吡啶，与水混溶，溶解丙酮、苯、乙醚、甲醇、乙醇、乙二醇、2-己酮、蓖麻油、松节油、松脂等	腐蚀皮肤，刺激眼和结膜，蒸气引起肝肾病变

续表

名称	沸点/℃	溶解性	毒性
氯苯	131.69	能与醇、醚、脂肪烃、芳香烃和有机氯化物等多种有机溶剂混溶	低于苯,损害中枢系统
乙二醇—乙醚	135.6	与乙二醇一甲醚相似,但是极性小,与水、醇、醚、四氯化碳、丙酮混溶	低毒性,二级易燃液体
对二甲苯	138.35	不溶于水,与醇、醚和其他有机溶剂混溶	一级易燃液体
二甲苯	138.5~141.5	不溶于水,与乙醇、乙醚、苯、烃等有机溶剂混溶,乙二醇、甲醇、2-氯乙醇等极性溶剂部分溶解	一级易燃液体,低毒类
间二甲苯	139.10	不溶于水,与醇、醚、氯仿混溶,室温下溶解乙腈、DMF等	一级易燃液体
乙酸酐	140.0	有吸湿性,溶于氯仿和乙醚,缓慢地溶于水形成乙酸,与乙醇作用形成乙酸乙酯	低毒性
邻二甲苯	144.41	不溶于水,与乙醇、乙醚、氯仿等混溶	一级易燃液体
N,N-二甲基甲酰胺	153.0	与水、醇、醚、酮、不饱和烃、芳香烃等混溶,溶解能力强	低毒性
环己酮	155.65	与甲醇、乙醇、苯、丙酮、己烷、乙醚、硝基苯、石油脑、二甲苯、乙二醇、乙酸异戊酯、二乙胺及其他多种有机溶剂混溶	低毒性,有麻醉性,中毒概率比较小
环己醇	161	与醇、醚、二硫化碳、丙酮、氯仿、苯、脂肪烃、芳香烃、卤代烃混溶	低毒性,无血液毒性,刺激性
N,N-二甲基乙酰胺	166.1	溶解不饱和脂肪烃,与水、醚、酯、酮、芳香族化合物混溶	微毒类
糠醛	161.8	与醇、醚、氯仿、丙酮、苯等混溶,部分溶解低沸点脂肪烃,无机物一般不溶	有毒品,刺激眼睛,催泪
N-甲基甲酰胺	180~185	与苯混溶,溶于水和醇,不溶于醚	一级易燃液体
苯酚（石炭酸）	181.2	溶于乙醇、乙醚、乙酸、甘油、氯仿、二硫化碳和苯等,难溶于烃类溶剂	高毒性,对皮肤、黏膜有强烈腐蚀性,可经皮吸收中毒
1,2-丙二醇	187.3	与水、乙醇、乙醚、氯仿、丙酮等多种有机溶剂混溶	低毒性,吸湿
二甲亚砜	189.0	与水、甲醇、乙醇、乙二醇、甘油、乙醚、丙酮乙酸乙酯吡啶、芳烃混溶	微毒性,对眼有刺激性
邻甲酚	190.95	微溶于水,能与乙醇、乙醚、苯、氯仿、乙二醇、甘油等混溶	参照甲酚
N,N-二甲基苯胺	193	微溶于水,能随水蒸气挥发,与醇、醚、氯仿、苯等混溶,能溶解多种有机物	抑制中枢和循环系统,经皮肤吸收中毒
乙二醇	197.85	与水、乙醇、丙酮、乙酸、甘油、吡啶混溶,与氯仿、乙醚、苯、二硫化碳等难溶,对烃类、卤代烃不溶,溶解食盐、氯化锌等无机物	低毒性,可经皮肤吸收中毒
对甲酚	201.88	参照甲酚	参照甲酚
N-甲基吡咯烷酮	202	与水混溶,除低级脂肪烃可以溶解大多无机物、有机物、极性气体、高分子化合物	低毒性,不可内服
间甲酚	202.7	参照甲酚	与甲酚相似,参照甲酚
苄醇	205.45	与乙醇、乙醚、氯仿混溶,20℃在水中溶解3.8%（质量分数）	低毒性,黏膜刺激性
甲酚	210	微溶于水,能与乙醇、乙醚、苯、氯仿、乙二醇、甘油等混溶	低毒性,腐蚀性,与苯酚相似
甲酰胺	210.5	与水、醇、乙二醇、丙酮、乙酸、二氧六环、甘油、苯酚混溶,几乎不溶于脂肪烃、芳香烃、醚、卤代烃、氯苯、硝基苯等	皮肤、黏膜刺激性、经皮肤吸收

续表

名称	沸点/℃	溶解性	毒性
硝基苯	210.9	几乎不溶于水，与醇、醚、苯等有机物混溶，对有机物溶解能力强	剧毒，可经皮肤吸收
乙酰胺	221.15	溶于水、醇、吡啶、氯仿、甘油、热苯、丁酮、丁醇、苄醇，微溶于乙醚	毒性较低
六甲基磷酸三酰胺	233（HMTA）	与水混溶，与氯仿络合，溶于醇、醚、酯、苯、酮、烃、卤代烃等	较大毒性
喹啉	237.10	溶于热水、稀酸、乙醇、乙醚、丙酮、苯、氯仿、二硫化碳等	中等毒性，刺激皮肤和眼
乙二醇碳酸酯	238	与热水、醇、苯、醚、乙酸乙酯、乙酸混溶，干燥醚、四氯化碳、石油醚、四氯化碳中不溶	低毒性
二甘醇	244.8	与水、乙醇、乙二醇、丙酮、氯仿、糠醛混溶，与乙醚、四氯化碳等不混溶	微毒性，经皮肤吸收，刺激性小
丁二腈	267	溶于水，易溶于乙醇和乙醚，微溶于二硫化碳、己烷	中等毒性
环丁砜	287.3	几乎能与所有有机溶剂混溶，除脂肪烃外能溶解大多数有机物	剧毒
甘油	290.0	与水、乙醇混溶，不溶于乙醚、氯仿、二硫化碳、苯、四氯化碳、石油醚	无毒

注：沸点是在101.325kPa压力下测定的。

附录8　常用干燥剂

序号	名称	分子式	吸水能力	干燥速度	酸碱性	再生方式
1	硫酸钙	$CaSO_4$	小	快	中性	163℃下脱水
2	氧化钡	BaO	—	慢	碱性	不能再生
3	五氧化二磷	P_2O_5	大	快	酸性	不能再生
4	氯化钙	$CaCl_2$	大	快	微酸性	200℃下烘干
5	高氯酸镁	$Mg(ClO_4)_2$	大	快	中性	烘干再生（251℃分解）
6	三水合高氯酸镁	$Mg(ClO_4)_2 \cdot 3H_2O$	—	快	中性	烘干再生（251℃分解）
7	氢氧化钾	KOH	大	较快	碱性	不能再生
8	活性氧化铝	Al_2O_3	大	快	中性	110~300℃下烘干
9	浓硫酸	H_2SO_4	大	快	酸性	蒸发浓缩再生
10	硅胶	SiO_2	大	快	酸性	120℃下烘干
11	氢氧化钠	$NaOH$	大	较快	碱性	不能再生
12	氧化钙	CaO	—	慢	碱性	不能再生
13	硫酸铜	$CuSO_4$	大	—	微酸性	150℃下烘干
14	硫酸镁	$MgSO_4$	大	较快	中性、有的微酸性	200℃下烘干
15	硫酸钠	Na_2SO_4	大	慢	中性	烘干再生
16	碳酸钾	K_2CO_3	中	较慢	碱性	100℃下烘干
17	金属钠	Na	—	快	—	不能再生
18	分子筛	结晶的铝硅酸盐	大	较快	酸性	烘干

附录 9　常用气体吸收剂

序号	气体名称	吸收剂名称	吸收剂浓度
1	CO_2，SO_2，H_2S，PH_3	氢氧化钾（KOH）	粒状固体或 30%～35%水溶液
		乙酸镉	80g 乙酸镉溶于 100mL 水中，加入几滴冰醋酸
2	Cl_2 和酸性气体	KOH	45g KOH 溶于 100mL 水中，加入几滴冰醋酸
3	Cl_2	碘化钾（KI）	1mol/L KI 溶液
		亚硫酸钠（Na_2SO_3）	1mol/L Na_2SO_3 溶液
4	HCl	KOH	30% KOH 溶液
		硝酸银（$AgNO_3$）	1mol/L $AgNO_3$ 溶液
5	H_2SO_4，SO_3	玻璃棉	—
6	HCN	KOH	250g KOH 溶于 800mL 水中
7	H_2S	硫酸铜（$CuSO_4$）	1% $CuSO_4$ 溶液
		乙酸镉	1% $Cd(CH_3COO)_2$ 溶液
8	NH_3	酸性溶液	0.1mol/L HCl 溶液
9	AsH_3	乙酸镉	80g 乙酸镉溶于 100mL 水中，加入几滴冰醋酸
10	NO	高锰酸钾（$KMnO_4$）	0.1mol/L $KMnO_4$ 溶液
11	不饱和烃	发烟硫酸（H_2SO_4）	含 20%～25% SO_3 的 H_2SO_4
		溴溶液	5%～10% KBr 溶液用 Br_2 饱和
12	O_2	黄磷（P）	固体
13	N_2	钡、钙、锗、镁等金属	使用 80～100 目的细粉

附录 10　气体在水中溶解度

气体	溶解度	温度/℃								
		0	10	20	30	40	50	60	80	100
H_2	$\alpha \times 10^2$	2.17	1.98	1.82	1.72	1.66	1.63	1.62	1.60	1.60
He	$\alpha \times 10^2$	0.97	0.991	0.994	1.003	1.021	1.07	—	—	—
Ar	$\alpha \times 10^2$	5.28	4.13	3.37	2.88	2.51	—	2.09	1.84	—
Kr	α	0.111	0.081	0.063	0.051	0.043	—	0.036	—	—
Xe	α	0.242	0.174	0.123	0.098	0.082	—	—	—	—
Rn	α	0.510	0.326	0.222	0.162	0.126	—	0.085	—	—
O_2	$\alpha \times 10^2$	4.89	3.80	3.10	2.61	2.31	2.09	1.95	1.76	1.70
N_2	$\alpha \times 10^2$	2.35	1.86	1.55	1.34	1.18	1.09	1.02	0.958	0.947
Cl_2	α^*	4.61	3.15	2.30	1.80	1.44	1.23	1.02	0.683	0
Br_2（蒸气）	α	60.5	35.1	21.3	13.8	—	—	—	—	—

续表

气体	溶解度	温度/℃								
		0	10	20	30	40	50	60	80	100
空气	$\alpha^* \times 10^2$	2.918	2.284	1.868	1.564	—	—	—	—	—
NH_3	α^{**}	89.5	79.6	72.0	65.1	63.6	58.7	53.1	48.2	44.0
H_2S	α	4.67	3.40	2.58	2.04	1.66	1.39	1.19	0.917	0.81
HCl	α^*	507	474	442	412	386	362	339	—	—
CO	$\alpha \times 10^2$	3.54	2.82	2.32	2.00	1.78	1.62	1.49	1.43	1.41
CO_2	α	1.71	1.19	0.878	0.665	0.53	0.436	0.359	—	—
NO	$\alpha \times 10^2$	7.38	5.71	4.71	4.00	3.51	3.15	2.95	2.70	2.63
SO_2	α^*	79.8	56.7	39.4	27.2	18.8	—	—	—	—
CH_4	$\alpha \times 10^2$	5.56	4.18	3.31	2.76	2.37	2.13	1.95	1.77	1.70
C_2H_6	$\alpha \times 10^2$	9.87	6.56	4.72	3.62	2.92	2.46	2.18	1.83	1.72
C_2H_4	α	0.226	0.162	0.122	0.098	—	—	—	—	—
C_2H_2	α	1.73	1.31	1.03	0.840	—	—	—	—	—

α 表示在标准状况下，气体分压为 101.325kPa 时，1 体积水吸收该气体的体积；

α^* 表示气体总压（气体及水气）为 101.325kPa 时，溶解于 1 体积水中的该气体体积；

α^{**} 表示气体总压（气体及水气）为 101.325kPa 时，溶解于 100g 水中的气体质量（g）。

附录 11　烟气热物理性质（$p = 1.01325 \times 10^5 Pa$）

t/℃	ρ/(kg/m³)	c/[kJ/(kg·℃)]	$\lambda \times 10^2$/[W/(m·℃)]	$\alpha \times 10^6$/(m²/h)	$\mu \times 10^6$/[kg/(m·s)]	$\nu \times 10^6$/(m²/s)	P_r
0	1.295	1.043	2.28	16.9	15.8	12.20	0.72
100	0.950	1.068	3.13	30.8	20.4	21.54	0.69
200	0.748	1.097	4.01	48.9	24.5	32.80	0.67
300	0.617	1.122	4.84	69.9	28.2	45.81	0.65
400	0.525	1.151	5.70	94.3	31.7	60.38	0.64
500	0.457	1.185	6.56	121.1	34.8	76.30	0.63
600	0.405	1.214	7.42	150.9	37.9	93.61	0.62
700	0.363	1.239	8.27	183.8	40.7	112.1	0.61
800	0.330	1.264	9.15	219.7	43.4	131.8	0.60
900	0.301	1.290	10.00	258.0	45.9	152.5	0.59
1000	0.275	1.306	10.90	303.4	48.4	174.3	0.58
1100	0.257	1.323	11.75	345.5	50.7	197.1	0.57
1300	0.240	1.340	12.62	392.4	53.0	231.0	0.56

烟气中组成成分：$p_{CO_2} = 0.13$；$p_{H_2O} = 0.11$；$p_{N_2} = 0.76$。